The Chinese Thinking   Rem KOOLHAAS & Hans Ulrich OBRIST Interviewed China's Leading Figures   Edited by OU Ning

建筑 · 城市 · 思想

库哈斯 & 奥布里斯特
中 · 国 · 访 · 谈 · 录

欧 宁_编

商务印书馆
SINCE 1897　The Commercial Press
2012年·北京

目　录

————

○ 欧 宁 　OU Ning　　╬ ┃ 中国将去往何处?
〰〰〰〰〰〰　（北京）（BEIJING）　　　　深圳马拉松对话的探寻与回答

○　欧宁（北京）　○　OU Ning（BEIJING）

诗人、艺术家、策展人、出版人。曾拍摄纪录片《三元里》和《煤市街》，在世界各地展出、放映并被收藏。连续策划三届大声展(2005、2007、2010)，曾担任2009深圳香港城市＼建筑双城双年展总策展人，2009第53届威尼斯双年展Benesse大奖评委，2009日本横滨国际影像节评委，2011成都双年展国际设计展策展人，2011古根海姆美术馆亚洲艺术委员会成员和2012第22届米兰非洲拉丁美洲亚洲电影节评委。2011年创办《天南》文学双月刊并任主编，同时发起致力于乡村建设和共同生活实验的"碧山共同体"计划。编有《北京新声》、《漫游：建筑体验与文学想象》等书。

O　　欧宁出任2009深圳香港城市＼建筑双城双年展期间总策展人。摄影：Christopher DeWolf。

○ 中国将去往何处？
深圳马拉松对话的探寻与回答

马拉松对话这种形式是雷姆·库哈斯 (Rem Koolhaas) 和汉斯·尤里斯·奥布里斯特 (Hans Ulrich Obrist) 共同发明的，是这两位堪称世上最繁忙的建筑师和策展人的充沛精力以及旺盛好奇心促成的疯狂行动。它始于2006年，当时，奥布里斯特刚到伦敦蛇形画廊 (Serpentine Gallery) 任职，他委托库哈斯设计这一年的夏季临时展馆。为激活这一设计，他们把这个临时空间变成一个知识实验室和思想辩论的场所，在里面共同主持了一个持续24小时的对话，邀请了62位不同领域的思想领袖和实践者参加。那一年，我已经和他们认识，并请 Shumon Basar 写了一篇长篇报道，发表在《周末画报》上，向中国读者详细介绍当天的过程。从2008年接受了第三届深圳香港城市\建筑双城双年展总策展人的工作起，我就开始和他们联络，分别在北京、伦敦、威尼斯、阿姆斯特丹、深圳和香港与他们见面多次，讨论在深圳举办马拉松对话的计划。在2009年12月22日，这个计划终于实现了。共有30位来自北京、上海、广州、深圳、香港和台湾的政策制定者、企业家、学者、艺术家、策展人、建筑师、电影导演、摄影师、作家、媒体工作者和社会行动者参加了与库哈斯和奥布里斯特的对话，时长超过8小时。

库哈斯和奥布里斯特长期对中国感兴趣，并试图更深入地了解这个正在迅速崛起的国家，他们在中国也有不少建筑和展览的项目。2009年9月26日，在阿姆斯特丹，库哈斯和我提起他的朋友、欧洲对外关系委员会执行主席马克·里奥纳多 (Mark Leonard) 写的一本书——《中国怎么想？》(What Does China Think?)，说这本书带给他很多对中国新的认识，他希望通过深圳马拉松对话活动，进一步探寻里奥纳多书中所提的问题：中国是怎么

○　2008年11月20日在北京OMA办公室，欧宁第一次与库哈斯开会讨论
在2009深圳香港城市＼建筑双城双年展举办八小时马拉松访谈活动的可能性。摄影：欧强。

思想的？是什么形成了今日中国的局面？中国将往何处去？为了让我进一步了解这本书，后来他还给我寄来了一本。

里奥纳多在这本书中描绘了一幅罕为西方世界所知的中国新知识分子的群像。当他听说中国社会科学院有50个研究中心，横跨260个学科，有4000多名研究人员时，着实吃了一惊。作为中国的智库之一，这个庞大的机构人数几乎等同于欧洲现有智库人员的总和。他花了不少时间和很多对中国国策有巨大影响的知识分子见面，了解这个群体在各种议题上的争论，试图捕捉中国社会变革背后的思想推动力。这些人包括早期倡导"价格双轨制"的自由派经济学家张维迎，主张社会公平的新左派领袖人物汪晖以及他的同仁王绍光、崔之远和胡鞍钢，胡锦涛的非正式顾问、主张从党内开始试行政治改革、认为"民主是个好东西"的俞可平，倡导草根民主和公共协商实验的潘维和房宁，被称为"新共产主义者"的中国军事思想库的领导人物杨毅和他的同事阎学通，被称为"自由国际主义者"、主张中国和平崛起的郑必坚等等，他们影响了中国政府的经济改革理念，"和谐社会"的治国方针，可持续发展的观念，渐进式的民主实践，以及通过在非洲投资、在东亚结盟以及输出文化"软实力"来提高国际影响力进而制衡美国的外交策略。他们之中有的人不仅西方人不知道，连我这个中国人也不熟悉。深受1968年"五月风暴"思潮影响并且曾经当过记者的库哈斯，对我说他不想在深圳马拉松中再讨论建筑，他对中国的政治极感兴趣，他想深挖中国政策背后的思想力量。因此我们把这次深圳马拉松对话的主题定为"中国思想"（The Chinese Thinking）。

到底是什么在当代促成了一种不同于西方的中国发展模式？是谁真正锻造了有可能影响全世界的新的"中国思想"？除了里奥纳多书中提到的对执政党直接产生影响的人物之外，我认为在民间活跃着的各种力量也不可忽

WHAT
DOES
CHINA
THINK?

MARK LEONARD

'Mark Leonard gives us a fascinating insight into how Chinese intellectuals and policy-making elites see the world which they will certainly help to shape during the coming century.' *Chris Patten*

O   马克·里奥纳多(Mark Leonard)的《中国怎么想？》

（*What Does China Think?*）英文版封面，伦敦Fourth Estate出版社2008年出版。

视。因此我想给库哈斯和奥布里斯特展现他们仍有待认识的中国的另一面。我们邀请的嘉宾都是这几年在中国不同领域的民间思考者和实践者，他们的声音也许不能通达政治高层，却为民间社会所听见。当然，因为深圳马拉松对话是第三届深圳香港城市＼建筑双城双年展主办的活动，我还希望它能紧扣这个展览和活动所在地的议题，而深圳，作为一个只有三十年历史、从一个小渔村发展而成的实验城市，恰好正是探讨中国三十年改革之路的最好样本。它可以说是张维迎所代表的自由派经济思想所结出来的一个果实，它的历史和现实几乎纠结着中国所有的问题。而谈论它又不能避开香港，更要比照台湾。因此，我们所要讨论的"中国思想"被放置在一个大中华地区的框架下，它超出了里奥纳多的视野。

有两个议题是我特别要强调的，那就是历史和乡村主义，因为这是这一届双年展的两个主要的策展思想。库哈斯从嘉宾的身份组成中敏锐地发现了这点。正如历史写作者李勇（十年砍柴）在对话中所说，在中国，历史有一种类似宗教的地位，西方有基督教，中国没有全民的宗教，但中国人有信仰，这种信仰就是对历史的敬畏。历史不仅是中国人认识世界的重要资源，也是国族身份认同赖以生长的土壤。所以要深究"中国思想"，一定要去追问历史。本届双年展不仅试图呈现当代世界的现实，也试图通过各种参展项目、论述和讨论来打造它的历史感。而乡村主义 (Ruralism)，则是当下城市化的紧急现实催迫之下的一种思维的转换，特别是在中国，探讨城市问题常常要追溯至乡村，它是同一问题的一体两面。过度城市化对耕地的掠夺和对乡村的挤压，转基因粮食产业和全球农业资本主义对农耕文化和生态平衡的破坏，也迫使我们重新思考乡村的问题。在中国，不仅在地理层面、人口层面，而且在政治、经济和文化层面，乡村都代表着中国最广阔和最坚硬的现实，它不仅引发了20世纪30年代以降晏阳初、梁漱溟和毛泽东等人倡导的乡村建设思想和运动，也促成了今日中国政府的"新农

○　欧宁主持"中国思想：深圳马拉松对话"活动开场。摄影：孙晓曦。

村"政策和温铁军、谢英俊等人的乡村实践。所以，致力于乡村问题的解决，也一定会浇铸成当代"中国思想"的一部分。

除此之外，我们在现场对话中还听到了以下众多议题的讨论：中国式的人本主义，商业创新，企业的社会责任，私产保护，环保主义，低碳经济，公共服务，社区治理，社会运动，当代艺术所建构的社会和历史价值，双年展制度，新建筑运动的得失，政府新功能，危机应对机制，中美关系，深港关系，珠江三角洲的区域合作，代际冲突，左派与右派，当代文学运动，电影中的地区身份，阶层冲突，地下社会，台湾意识，两岸关系，女性主义，中国社会的分化，市民社会，以及中国作为一个崛起的大国对每个人的影响等等。库哈斯是个敏锐而又老辣的提问者，他驳杂广博的知识背景令他可以迅速对嘉宾的观点进行追踪和回应，并切中每个问题的要害。而奥布里斯特对每位嘉宾所提的关于"未来"的共同问题则迫使他们从个人角度对"中国将去往何处？"做出各自的回应。这种时限紧迫、议题密集的讨论，虽然不能达到更深层次，却可快速形成一个知识和观念的熔炉，并绘制出一幅当前大中华地区文化生产和民间思想的集体肖像。

中国将去往何处？在企业家王石和建筑师张永和的回答中，中国将在全球变暖的问题上承担一个大国应有的责任，他们也会从各自的专业领域为此而努力；在社区行动者舒可心那里，中国要重视社区自治，推行自下而上的政治改革，他将一直投身其中；在深圳市副市长唐杰的回答中，中国从北到南被划分为三个在 GDP 格局上不相上下的城市带，包括以京津为中心的环渤海地带，以上海为中心的长三角地区，以及穗深港所在的华南地区，这三大地区将发展成大都市区，共享发展成果；在时事评论员和观察家高志凯那里，中国处理政治危机的手法将更灵活有效，中美关系将向利好方向发展；而李勇的回答是："中国有这个世界上最好的老百姓，最坚韧的，

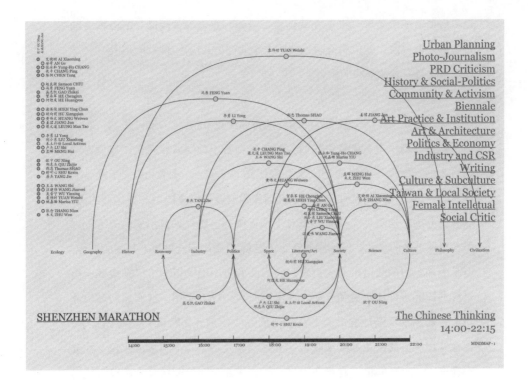

○ "中国思想：深圳马拉松对话"思想地图。制图：姜珺。

最卑贱的，哪怕给他一点阳光就灿烂，给他一点水分就泛滥，所以再大的苦难都能挺过来，就像唐德刚先生二十年前说的，历史的三峡会过去的！"他声称这是一种悲观中的乐观。

谈及中国的未来，当代思想界的当红人物齐泽克 (Slavoj Žižek) 虽然一直以一个经典马克思主义者身份向西方解释和称赞中国的威权主义，但他对中国将来的发展也不是很确定："假如在眼泪谷 (Valley of Tears)，指社会变革所必须付出的代价之后，威权主义国家没有迎来民主的第二波运动的话，那怎么办呢？这就是为什么大家对于今天中国会感到如此不安的地方"。[1]但在里奥纳多的书中，结论则非常令人鼓舞："中国不是思想上开放的社会，但是更加自由的政治辩论的出现，大量从西方回国的留学生以及像奥运会这样的国际事件让它更加开放。中国这么大，这么实用，这么迫切渴望成功，它的领袖不断地尝试新方法。他们过去使用经济特区检验市场哲学，现在使用从协商民主到区域联盟等方式检验其他千百个想法。在这个社会实验室，一个新的世界观正在出现，经过一段时间可能结晶为可以辨认出来的中国模式，一个世界其他地方可能跟从的非西方的替代性的道路。"[2]

本书是由这次深圳马拉松对话的文字记录整理而成，将其出版，也是希望读者也可以加入对此问题的思考。我要感谢姜珺，他参与了这次对话活动的前期调研和负责了部分嘉宾的邀请，还有库哈斯，他从鹿特丹派来的他在 AMO 研究部门的同事 James Westcott，还要感谢两位主持人和所有的嘉宾，他们出色的智慧充实了这次对话的知识含量并拓宽了它的思想视野。当然最后要感谢深圳香港城市＼建筑双城双年展，它如此慷慨地为这个对话提供了一个开放的平台。

2010年3月17日，北京

1   http://www.alternet.org/story/69788/

2   Mark Leonard: *What Does China Think?* P.130-140

○ 库哈斯　Rem KOOLHAAS　✛ 奥布里斯特　Hans Ulrich OBRIST
〰〰〰〰〰〰（ 鹿特丹 ）（ ROTTERDAM ）　　〰〰〰〰〰〰〰〰（ 伦敦 ）（ LONDON ）

○　雷姆·库哈斯（ 鹿特丹 ）　○　Rem KOOLHAAS（ ROTTERDAM ）
生于 1944 年，荷兰建筑师、建筑理论家和城市研究学者，亦在哈佛大学设计研究生院担任建筑和城市设计实践专业的教授。先后就读于荷兰影视学院、伦敦建筑联盟学院和康奈尔大学，目前掌管大都会建筑师事务所 (OMA) 和对应的研究机构 AMO。2005 年和学者 Mark Wigley 及荷兰建筑研究中心总监 Ole Bouman 共同创立了《Volume》杂志。2000 年获得被称为建筑界的诺贝尔奖的普立兹克奖。库哈斯一直关注中国。2002 年出版《大跃进》，分析珠三角的奇迹发展。2006 年设计了深圳证券交易所。除备受瞩目的 CCTV 总部大楼外，他近期的项目还包括台北艺术中心和香港西九龙文化区项目规划竞赛。

○　汉斯·尤里斯·奥布里斯特（ 伦敦 ）　○　Hans Ulrich OBRIST（ LONDON ）
1968 年生于瑞士，国际知名策展人、评论家，目前担任伦敦蛇形画廊展览和国际项目负责人。奥布里斯特多年来采访了数目惊人的对 20 至 21 世纪影响至深的文化精英，并出版数本对话录。1996 年担任了第一届欧洲当代艺术双年展 (Manifesta 1) 的联合策展人。2006 年联合库哈斯在伦敦蛇形画廊举办了第一场"马拉松对话"，时长超过 24 小时。从此一发不可收，2007 年和艺术家 Olafur Eliasson 进行了"实验马拉松对话"，包括 Peter Cook，Kim Gordon 在内的 50 个人物受邀在现场做实验并接受采访。2008 年和 2009 年又分别在蛇形画廊举办了"宣言马拉松"和"诗歌马拉松"。

○　库哈斯，孙晓曦摄影。

○　奥布里斯特，孙晓曦摄影。

奥布里斯特 　　　　　　我先为大家介绍一下马拉松对话的形式以及起源。
2005年的时候，我收到一个德国小镇上的戏剧节邀请做一个采访，这是我
从1990年代开始就一直在做的工作，现在我已经有了两千多小时的采访录
音，这是长期进行的项目。2006年，我到伦敦蛇形画廊担任副总监。我和
库哈斯都做过很多采访，库哈斯在1960年代采访过很多现代主义大师，包
括达利等等，我也是从1990年代起就采访了很多著名的艺术家、建筑师、
思想家和作家等。我知道要了解所有的事情是不可能的，所以我们一直都
在学习。在2006年伦敦蛇形画廊的夏季临展馆项目里面，我们一起合作做
了一个马拉松采访，24小时全天进行的。从2000年扎哈·哈迪德设计的夏
季临时展馆开始，蛇形画廊就组织了不同的对话和活动。2006年，我们邀
请库哈斯设计这一年的夏季临时展馆，在这个过程当中，我们每周都进行
讨论，我们开始想到在他设计的夏季临时展馆中组织一个马拉松对话，这
个活动就叫做"伦敦马拉松"，邀请了七十多名被访者，跨越了不同的时代
和学科，相当于一个知识的集合。我们在这个过程中讨论了很多关于建筑
的话题，也组织了很多关于视觉艺术的讨论会。也就是说要取得这样一种
效果，要跨越知识的边界，延伸到每一个知识领域之外。

我们在伦敦的那一次讨论会中邀请到了很多不同的艺术家、建筑师，我们
背后的理念是要在这些不同的发言人之间激发出新的火花，同时也让不同
领域的观众产生互动，产生交流。在伦敦，2008年我们又举行了"宣言马
拉松"，2009年，也就是今年，我们举办了"诗歌马拉松"。我们也开始
在不同的城市举办过这样的活动，包括迪拜、卡塞尔、柏林。柏林那一次
是视觉艺术和戏剧的合作。去年元旦的时候在北京和维他命创意空间合作
做了一个新年"迷你马拉松"。马拉松背后的概念不只是到不同的城市做演
讲，而是把每次活动看成一个学习的过程、倾听的过程。

〇　库哈斯和奥布里斯特在2006年伦敦蛇形画廊

马拉松访谈活动期间采访女建筑师扎哈·哈迪德(Zaha Hadid)。摄影：Declan O'neill。

库哈斯　　　　　　　我想再解释一下马拉松的概念。作为欧洲人，我们来到中国其实要冒很大的风险，特别是可能我们会显得很愚蠢，因为我们不会说中文，我们对中国文化了解得也很少，所以在我们冒犯任何人之前，在我们问出一些幼稚的问题之前，我们想说我们完全认识、了解自己的无知，也向大家表示歉意。而马拉松的整个意义就在于我们要从我们的无知开始，在讨论和问答的过程当中消除我们的无知。

下面让我们开始发问吧。中国对于我们来说为什么如此重要？不管在中国国内还是国外，中国都是一个正在崛起的力量。可能大家听过很多类似的说法，大家都认为中国目前已经是一个超级大国了，因为她的经济实力，她在将来可能会成为这个世界的主导。而且这个崛起的过程也是很和平的，不会跟任何国家作对，没有在世界格局当中造成任何紧张的局势，显然在中国和外国，人们都看到了中国是信心十足的。我们想了解中国这个国家为什么会这么信心十足，以及中国的知识分子、中国的观众对于这种信心是如何看待的，是不是这种信心让中国人有了更大的空间？让你们在这个空间里面能够更好地发展或者做更多的事情？我们在准备马拉松的过程当中，看了很多不同的主题，试图去理解为什么老是有一些词反复出现？最引人注意的是，访谈嘉宾的年龄大概都在四十多岁或四十岁左右，80%以上的嘉宾，不管是写作或者是评论，其研究和关注点都与历史有关。

对于中国来说，人们也许关注历史非常常见。在欧洲或者在美国，这种现象并不多见。我们想了解为什么中国人那么喜欢谈论历史，特别是在中国崛起的时期，中国的现在和历史是不是有某种联系，历史对于中国人来说是不是一种宣言或者一种隐喻，来表达目前人们对于中国现状的思考？有时候我认为中国的历史就像一个圈，总是在不断地循环，因此解读历史也就能对我们理解当下有一定的帮助，这是我们将要讨论的一个主题之一。

○　2006年7月28日晚上六时起至29日晚上六时止，库哈斯和奥布里斯特

在伦敦蛇形画廊第一次举办24小时马拉松访谈，采访人数多达62人。摄影：Declan O'neill。

另外一个主题，也是另外一个在嘉宾简历当中反复出现的词，也是我印象最深刻的一个词。我是1990年代中期第一次来到中国的，那个时候所有的人都在讨论城市，城市的性质、城市的重建等，但是现在人们开始把注意力转移到农村，特别是"新农村"概念的提出，显然就是作为与城市相对的概念提出来的。中国人目前是不是把农村当成一种希望或者是一种乌托邦式的标志？我们同时也很惊讶地看到，访谈嘉宾的简历当中没有一个人提到"危机"这个词。因为目前在美国、南美和欧洲，每个人都在谈论"金融危机"，不管是哪个学科，不管是哪个职业，都在谈怎么在这场金融危机当中重建自己的实力。但对于中国人来说，危机似乎不是一个问题，我们想知道为什么会这样？或者是不是是一种遗忘或缺失？

另外，我们想了解人本主义在中国意味着什么？访谈嘉宾中有很多人提到了"人本主义"这个词，比方说《中国人本》的摄影展。人本主义在欧洲已经有一点过时了，不是一个能够给人带来灵感、令人感到兴奋的概念，但在中国，人本主义有不同的意义？最后我们想知道的是，在座的每一位是如何理解公共知识分子的角色与意义？还有公共知识分子在中国能够起到什么样的作用？公共知识分子这个概念在美国和欧洲已经非常边缘化了，已经不再能够向人们揭示某一种真理，娱乐化倾向比较严重。但是我们看到在中国，这种娱乐化倾向对于知识分子产生的压力小很多，我们想知道是不是中国公共知识分子能够扮演更重要的角色，或者起到更重要的作用？

《深圳市民广场蓝图》

————

（中国台湾）

刘国沧和打开联合工作室

————

2009深圳香港城市＼建筑双城双年展参展作品

摄影_孙晓曦

○ 贺 承军　HE Chengjun　✚ 黄 伟文　HUANG Weiwen
〜〜〜〜〜〜〜〜〜〜　（深圳）（SHENZHEN）　〜〜〜〜〜〜〜〜〜〜　（深圳）（SHENZHEN）

○　贺承军（深圳）　○　HE Chengjun（SHENZHEN）

著名建筑、房地产及城市规划评论家，有丰富的深圳城市规划局工作经验，文章兼具人文关怀与批判精神。

○　黄伟文（深圳）　○　HUANG Weiwen（SHENZHEN）

前深圳市规划局设计处处长，提倡城市规划中的民众参与，深圳双年展的主要推动者。哈佛设计研究生院 Loeb Fellow 访问学者。现任深圳城市设计中心主任。

○　黄伟文，孙晓曦摄影。

○　贺承军，孙晓曦摄影。

姜　珺　　　　　　　　今天的采访从贺承军和黄伟文先生开始，两位都曾在深圳市规划部门工作，也是以城市问题为主题的博客写手。

库哈斯　　　　　　　我的第一个问题是关于公共知识分子的。在欧洲，公共知识分子的角色已经比较边缘化了，特别在过去十年间，我很好奇的是您（贺承军）作为一位"博客"作者，你关注的主要是房价、城市规划、教育等等这种公共问题，在何种程度上您扮演了公共知识分子的角色？

贺承军　　　　　　　我先来回答。确实关于公共知识分子的角色面临边缘化这一点，中国和欧洲一样，我们也面临这个过程，但好玩的是，看《2012》这部灾难片大家就知道，中国很有效率，搞 GDP 很厉害，连好莱坞都知道了。但我们的公共空间、居民空间的建造很难，所以我想作为建筑、城市、房地产方面的博客写手，尽己之力做最难的事情。我晓得我要面临一个挑战。著名的历史学家汤因比说的，人类文明的发展是挑战和应战，我个人做出了挑战和应战的选择，虽然承担一定的风险，我相信也有一定的作用，对个人、对社会都有一定的作用——我们是这么理解的，公共知识分子不是拯救者、救世主，基本的动机是个人做点事情。说到公共知识分子的作用，我想这是有目共睹的。刚才说了中国公共空间建设比较难，我们有很多无形的规则在起作用。比如说我写博客有几个规则，首先是用自己的真名；其次是不结盟。中国在 20 世纪六七十年代曾经发起不结盟运动，我也"不结盟"，自己代表自己发言；第三，可以批评到一定级别的官员，但有一个级别不能超过。分享博客写手的经验，用真名，不结盟，保持一定的分寸，这是我的写作经验，与高级知识分子没法比，但我很享受这个过程。

库哈斯　　　　　　　　我了解到您之前曾经在深圳市规划局工作过,这一段的工作经验对您有什么影响?

贺承军　　　　　　　　我已经离开了深圳市规划局,但我很享受在深圳市规划局工作的15年,这是一个不短的过程。从政治角度来说,深圳是改革开放的前沿阵地,深圳市规划局一直扮演着前沿阵地的先锋角色。所以深圳市2030年的规划战略把深圳市定位为中国先锋城市,也就是世界上的先锋城市。我们认为中国的城市化、中国的崛起同时是21世纪的大事,这不是自我夸耀之语,大家都可以看到。深圳是改革开放的前沿阵地,作为先锋也是当之无愧的。深圳市规划局所做的努力,包括我们举办了城市\建筑双年展,以及主办城市规划和建筑设计领域的国际竞赛,是非常有探索意义的。没必要上升到国家制度的高度,深圳市规划局由个人组成,他们有自己的追求。我为他们所做出的努力,包括我在其中的努力,感到很自豪。所谓中国作为大国的崛起这个问题,外国人说中国是超级大国,其实我们不这么看,中国人为什么不谈危机,这是中国的特点,因为冬天来临,但我们的棉袄很厚,我们的棉袄是广大人民可以承受巨大的风险,当然这么说有点惭愧,但我不得不这么说。

库哈斯　　　　　　　　您也在农村生活工作过吗?我觉得在为城市工作了15年之后又开始关注农村比较让人惊讶,对您来说农村意味着什么?

贺承军　　　　　　　　我明白您的意思,我坦率地告诉您,您关注的"新农村运动"也已经是过时的概念,我们发起了"新农村运动","新农村"意味着农民对集体土地拥有更多的产权,但我们觉得在目前的《土地法》的框架下,做不到这一点,因为"新农村运动"产生的农村土地制度的变化,使得农村土地有可能自由化,所以我们终止了。所以,您关注的"新农村运动"几年以前曾经出现过，后来又消失了，跟我们关注违法建筑、高房价和整个土地制度密切相关。正因为中国的土地制度并没有为中国城市化快速发展提供很好的制度依托，包括大家普遍关注的高房价现象和土地制度密切相关，不是因为金融制度、金融危机导致的高房价黑洞，我想"新农村运动"的终结和高房价的推动，两种现象的背景是现有土地制度。您说得很对，人本主义在欧洲已经衰落了，我们是这样看人本主义的：人本主义是一种很奢侈的东西，就一种思潮来说也许过时了，不仅仅是欧洲人看到这一点，我也是这么看的。中国为什么那么关心历史？因为我们没有上帝，所以我们要相信历史。

————————

黄伟文　　　　　　　　关于刚才库哈斯先生提到为什么要关注农村，我想说几句。2005年深圳香港城市＼建筑双城双年展有一个主题，叫做"城市开门"，我觉得"城市开门"这个主题实际上已经把乡村和城市之间联系在一起，把它作为一个系统，因为城市的门一打开面对的就是乡村，乡村和城市实际上是一个系统。我一直打一个非常简单的比方，如果城市不能够容纳中国更多的农村人口的话，比如说在北京，如果你不让农村人口进入北京，他们可能就在北京的西北边放牧，他们放的羊越来越多的话，羊就会把草吃光，就会沙漠化，沙漠的沙吹到北京，就是北京的沙尘暴。所以，农村和城市绝对是一个系统。前几年北京有些人大、政协代表，他们提出要限制农村人进入城市，或者提高门槛，只要高素质的人进入城市，低素质的不欢迎。我想这是城市本位主义的看法，你只看到了城市。你把农民拒之于城市门外，他们只能在城外放养，风沙就会进入城市，所以我觉得城市和农村是一个系统。

第二届深圳香港城市＼建筑双城双年展的主题是"城市再生"，它提出"城市应该向农业文明学习"，学习农业的可持续性，农业的循环，我觉得这

○ 2009年12月9日，深圳香港城市＼建筑双城双年展举办的"农业中国：乡土主义的乌托邦"研讨会。

左起：黄声远，谢英俊，邱建生，吕新雨，何慧丽，吴音宁，钟永丰。摄影：孙晓曦。

个提法也是非常棒的。今年欧宁举办了关于乡村主义的讨论也是非常好的，因为去年的地震让我们更多地关注到农村。农村的设计实际上是非常缺乏的，中国的乡村处于乡村生活和建造都在转型的阶段，但是如果他们的建造没有一些专业的支持，乡村的未来就不可想象。所以，我觉得今天很荣幸，有一位从事乡村设计的建筑师也在我们的嘉宾当中，他就是台湾的谢英俊先生，他的工作就是我们现在谈论的关于农村话题的一部分。

———————

库哈斯 我有一个问题给你们两个人，如果你看深圳，最让人印象深刻的是深圳政府实施计划的能力要高于欧洲城市的政府，我们可能猜测在您这种位置的人，可以做出一些决定，可能跟别的国家类似位置上的人不一样，这对当代文明和城市的概念有一些影响。所以我想问一下深圳的状况跟其他区域的相似点和区别。

———————

黄伟文 我在深圳市政府工作了十几年，主要是一个执行者，对城市的决策参与得比较少。前几个月我在美国做一些交流，意识到两边的政府决策的不同，这个不同在于我们基本上是自上而下的决策系统，而美国有一个自下而上的制度，和自上而下能够有一些平衡。但是我也感觉到，在美国由于自下而上的力量非常强大，比如说个人财产的保护非常得力，有足够的法律保障，这样也使美国的一些城市想做事情就很难推进。我感觉到美国有些城市反而羡慕中国的做法，羡慕中国政府有作为。

当然，中国也在努力地倡导公众参与，通过一些法律，比如说《物权法》，包括现在正在讨论的《拆迁法》的修改，去维护个人财产利益，努力地向西方靠拢。我倒是有问题提出，这个平衡点在哪里？西方也出现了他们的问题，由于个人利益的保护有一点过度，所以他们基本做不成事情，奥布里斯特先生和库哈斯先生都来自于西方，你们对中国的建议又是什么？

———————

奥布里斯特　　　　　　在回答问题之前我想问一个问题，我们也讨论了很多关于深圳香港城市＼建筑双城双年展的问题，您显然是深圳双年展背后的主要推动者之一，现在世界上有很多双年展、三年展，而深圳双年展已经进行到第三届，从第一届到现在保持了很独特、很有意思的特点，我们想知道您对深圳双年展未来的展望是什么？

黄伟文　　　　　　　我参与了第一届双年展的筹备工作，当初因为规划局作为业务主管的关系，我们特别关注建筑。全世界已经有一些建筑的双年展，但是我们从一开始就想把深圳双年展和其他双年展区别开来，所以我们在深圳双年展的前面加了一个词——"城市"，这个词很关键，这个词是深圳双年展和已有的建筑双年展的区别，更不同于艺术双年展。加了"城市"以后，我们定义双年展是关注中国的城市化和中国的城市，所以我们的双年展和艺术双年展、建筑双年展是不一样的，它应该是一个探讨问题的展览，关注的是我们如何创造更好的城市环境，当然也包括乡村环境，我们怎么样对待我们的生存状况。尤其是在中国前所未有的快速城市化过程中，所有人的生活都在改变，很多人进入城市，原本在城市生活的人又要不断地迁移，从老式的公寓到高层公寓，有的再到别墅，他们不断地换房子，调整自己的生存空间。中国城市化跟每个人的生存状况都发生了联系，我们的双年展实际上是讨论我们生存状况的展览。所以我觉得以城市为主题的双年展更有生命力，也更有现实意义。我相信这个展览会随着中国的城市化进程会越来越受关注，也会做得越来越好。

库哈斯　　　　　　　我有一个问题，也许是时候来讨论珠江三角洲地区的角色了？您认为深圳在整个珠江三角洲地区里面未来的角色是什么？

贺承军　　　　　　　我的冒昧回答一下，深圳在珠江三角洲地区的角色，以及珠江三角洲地区在全国的角色这个问题始终在探索之中，现在并不是回答的时机。国家调整政策是要划分大功能区，现在已经有了七个大功能区。就像著名的经济学家张五常说的，中国近三十年的经济发展来自于各地区以县域为主体的县域竞争和内部竞争形成的一个良性局面，甚至外向型经济也是如此，各个县承接生产订单过来，然后再出口。这种模式和世界金融体系的关系比较密切，现在面临经济转型，从地域的角度来说，中央政府觉得通过大的功能块互相整合，从原来的县域经济盲目、过度的竞争导向一种更有序的大功能区，通过大功能区整合它，这也是对计划经济的发扬光大。珠江三角洲地区也是七大功能区中很重要的一块，大功能区这个角色的作用不言而喻，不仅仅是经济、社会开放的角色，也包括政治上的改革措施在这里实施，我是这么看的。

———————————

库哈斯　　　　　这是不是意味着您认为在香港和深圳之间没有任何互惠的地方？

———————————

贺承军　　　　　有，我说的珠江三角洲地区包括香港和澳门，在深圳居住，在珠江三角洲地区居住的人都这么看。对最近发生的一件事，我有一点莫名其妙，武汉南下的高速铁路到广州就终止了，从国家发展改革委员会的层面把它终止在广州是不应该的，港珠澳大桥也把深圳撇在一边，这是不应该的，这也是国家决策层的盲区。

———————————

库哈斯　　　　　我们作为建筑师，知道香港有一个西九龙的建筑项目，深圳到香港的铁路是不是在中间停住了，我想知道这两者之间有没有什么互动和联系？我们想知道您如何看待这一点？

———————————

黄伟文　　　　　贺承军刚才提到经济学家张五常对中国发展的研究。

———————————

张五常有一个观点，中国为什么发展这么快，是因为县和市之间的竞争是非常充分的。也就是说，这三十年是一个充分竞争的时期，珠江三角洲也是一个充分竞争的格局，不管是广州、深圳、香港，还是中山、珠海。我不记得是去年还是今年，国务院批准了《珠江三角洲改革发展规划纲要》，这个《纲要》力主区域协调，我觉得这是非常大的转变。从充分竞争（当然当时的充分竞争有互补在里头），各自找到自己的优势发展，到现在从国家层面倡导区域合作和协调，甚至已经分好工，广州和佛山变成一对，深圳和东莞、惠州变成一对，这是个大转变。

库哈斯　　　　　　　那香港在其中扮演什么角色呢？

黄伟文　　　　　　　香港愿意和我们共建国际大都会，香港的特首提出这个概念。所以相互配对、结盟或者更多的区域协调，将为这个地区带来新的发展，新的增长，包括区域快速交通。高速公路也好，快速轨道也好，这一两年以后，珠江三角洲可以成为一个一小时的交通圈，珠江三角洲的融合将会越来越密切。

贺承军　　　　　　　我再补充一点，我个人认为在国家层面把跨区域的交通设施、基础设施做好是应该的，也是对的，但从功能角度扮演配对角色是非常荒谬的，在功能上实现不了，也不应该这么实现，但区域之间的完善融合是应该的。

库哈斯　　　　　　　对于香港来说是不是这样最有效？

黄伟文　　　　　　　我觉得香港在这之前是珠江三角洲的经济引擎，现

在珠江三角洲作为香港的腹地，它的力量、能量越来越强大。香港也能看到这点，它是主动地希望和整个珠江三角洲合作。

库哈斯　　　　我们只有5分钟了，您刚才问了一个问题，汉斯可以先做一个回答。

黄伟文　　　　我的问题是，西方有一个强调民主，强调个人权利、个人财产的制度，原来我觉得这种制度很有优势，但我去了以后不是这种感觉，觉得它也有阻碍协调发展的问题。国家层面的区域协调是中国的制度优势，你们两位对这种大区域的规划协调是怎么看的？

库哈斯　　　　对我来说很难得的是，作为一个职业建筑师，看到这些发展我觉得很有意思，同时作为一名顾问，作为一名提建议的人，我觉得中国有一种紧张的情绪在里面，特别在接受建议方面，好像我们提建议的话就是一个居高临下的姿态。我想说的是，香港和深圳之间的联系对于两者来说都比单个的意义更大，国家的模式也是一样。

奥布里斯特　　　对于双年展的问题，我的建议也是非常谨慎的。深圳香港城市＼建筑双城双年展现在是第三届了，它是一个试验性的展览，如果要说缺失的话，不光是中国的双年展，全世界的双年展都欠缺跨学科的合作，也就是缺乏互相学习的过程。显然就艺术机构来说，即作为一个艺术试验场来说，我觉得很有意思的是它能够呈现这么多关于城市的有创意的作品，并且这些作品很重视如何向公众呈现，它不仅是个实验室，也是档案馆和展示厅，这是很让人惊讶的。

○　在"农业中国：乡土主义的乌托邦"研讨会上，
谢英俊（右二）示范在农村社区的组织和连接方法。摄影：孙晓曦。

《 新生物 》

————

（巴西）

Triptyque 建筑小组

————

2009深圳香港城市 ＼ 建筑双城双年展参展作品

摄影_孙晓曦

○ 何 煌 友　HE Huangyou　✛ 安 哥　AN Ge
（ 深圳 ）（ SHENZHEN ）　　　　　　　　（ 广州 ）（ GUANGZHOU ）

○　安哥（ 广州 ）　○　AN Ge（ GUANGZHOU ）

安哥的生活非常具有传奇色彩。1970年代下放农村作了知青；1980年代，见证了华南的改革，并将那段经历写进了他的新作《哥哥不是吹牛皮》一书中。他的系列著作《生活在邓小平时代》于2001年出版。他还担任了多个国际性摄影展的策展人，比如"中国人本－纪实在当代"。

○　何煌友（ 深圳 ）　○　HE Huangyou（ SHENZHEN ）

德高望重的摄影工作者，从20世纪50 年代开始摄影生涯，用相机记录了深圳三十多年的发展历史，记录了改革开放的成就与艰辛。因其优秀的摄影作品和对摄影事业的杰出贡献，他被誉为"深圳摄影之父"。

○ 安哥，孙晓曦摄影。

○ 何煌友，孙晓曦摄影。

姜　珺　　　　　　　　　何煌友先生是记录了深圳特区三十年发展历程的著名摄影师，被誉为深圳摄影之父。安哥先生也是摄影师，他本人也是策展人，他策划了"中国人本"展览，另外他写了《生活在邓小平时代》等书。

奥布里斯特　　　　　　非常感谢两位参加马拉松。我的第一个问题是提给安哥的，您的"中国人本"展览在中国引起了很多人的注意，我想问一下这个展览的一些情况，还有在您所运用的纪实的这种创作形式。

安　哥　　　　　　　　"中国人本"摄影展是2003年由广东美术馆举办的，由我和两位朋友共同策展，在一年的准备工作中我们飞了二十多个省，到朋友家翻底片，在讨论的中间也参考了很多画册和历史上的照片。我做了二十多年的摄影记者，在全国各地采访，也认识很多朋友，很多做摄影工作的朋友。我们有一个基本的原则，新闻摄影因为有突发性的东西，我们更强调民间老百姓自己的视角，那些反映自己生活的摄影作品。去掉那些社会新闻、风光、民俗题材的，要呈现出中国老百姓自己怎么看自己的生活。到每家每户翻底片，找他们没有发表过的东西，跟他们讲，让他们把底片拿出来，这样一点点翻，翻出很多很宝贵的东西，这种视角在中国以前非常缺乏。

我1979年入行，正好在改革开放之初，那时候中国人民大学还在讨论新闻是党的喉舌还是人民的喉舌，这样的争论持续了很多年。但是从我们那一代人进入新闻界以后，就开始有了自己的关注，开始用自己的眼光来审视这些事件。我的前辈简捷先生就曾说："你们就好了，我们的底片有些发表不了，有些被销毁了。"所以我做这一行的时候，一直都是保存底片、整理底片，这样回过头去就可以找回自己的观点和体验。我33岁才入记者这一行，我没有读过大学，那时候的大学没有教新闻摄影的，自己看书、自己

O   广州，外乡人爬上珠江新城残留的大树上观看烟火晚会，1999年10月。

许培武参加安哥策划的"中国人本"摄影展作品。

思考。但我有一个长处，我在西双版纳当过七年的知青，还做过四年工人。我经常用这些经历，包括家庭的经历，来和同行小朋友吹牛皮，这才发现他们不知道这些事情。中国当代历史的教育是很贫乏的。我以为我是一个很平常的普通人，但是跟这些60后、70后、80后小同行一起聊天的时候，他们特别爱听，而且希望我写出来，所以我最近写了一本书《哥哥不是吹牛皮》，就是跟他们吹出来的，想想也很奇怪。刚刚解放的时候我住在中南海，那时候我3岁。但反右斗争的时候我爸爸妈妈还是被打成右派下放到海南岛。

————————

库哈斯　　　　　　　我想谈谈您的作品，特别是关于"中国人本"的展览。您选择了一些展示日常生活的照片。有一个特别好的照片，就是人在树上，我觉得这些人站在树上的照片对我来说很有意思。作为一个外来人来说，我觉得这样的一种场景是最普通、最正常的，非常精致、非常完美，而且很成熟，很难想象新闻摄影能够达到这样好的效果，特别是这一张（第49页），英雄色彩很浓的一张照片。人总是处于一个更大的组织当中。在中国是什么给予了这张照片形式上这么好的美感？

————————

安　哥　　　　　　　第一张（第47页）是许培武的作品，他是广州的摄影记者。他坚持了十多年，拍珠江新城一带。这一地区最早是农村、渔村，现在高楼大厦林立，变成一个开发区。在这个过程中，当地人从农民、渔民变成市民。作品中的这棵树已经准备搬走了，是很大的一棵榕树，已经被锯掉了。这些看热闹的、趴在树上的是当地的居民。在建大楼的过程中有剪彩仪式、表演活动，人们在看热闹。舞台上除了演员，还有官员和建筑商之类的，明亮的灯光是从舞台那边过来的。

○　湖北嘉鱼长江大堤溃口，簰洲湾的抗洪者爬到树上等待救援，1998年8月。

李靖参加安哥策划的"中国人本"摄影展作品。

库哈斯　　　　　感觉看起来很像剧场，戏剧感很强，它很中国，也让人看到了摄影师的角度。

安　哥　　　　　这张（第49页）是一位解放军战士拍的。在1998年长江发大水救人的时候，有些人被大水冲走了，里面有很多灾民和解放军。您说在"中国人本"展览里面有很多很漂亮的照片，很精彩的照片，很生动的照片，我觉得是因为在这三十多年里，中国有很多摄影师，不光是记者，还有广告摄影师、沙龙摄影师，他们都关注自己的生活，训练自己的摄影语言，这种东西甚至是没有收入的，是他们本能的。我们三十年前很多照片是领袖、英雄、模范和政治运动，是机器加工人、农民加锄头等一些很符号性的东西，在这三十年里产生了很多老百姓用自己的眼光看时代、看生活的酸甜苦辣。我觉得你说是戏剧性也好，生活化的真实也好，这也是摄影语言最有力的地方。

奥布里斯特　　　我想知道是什么对您产生了影响，您的灵感来源于哪里？作为一名摄影师，也作为一名摄影策展人，是什么激发了您做"中国人本"这个展览，是不是过去的展览模式？过去有什么展览模式给你带来感想和灵感？

安　哥　　　　　刚开始是这样一件事。广东的一批摄影艺术家和摄影记者在平遥摄影节取得很大的成功，广东美术馆的馆长王璜生找到我，说要办大型的摄影收藏展。那时，我的好朋友侯登科去世了，他拍了很多纪实照片，《南方周末》登了一篇文章《摄影师的作品由谁收藏？》。我们开始策展的工作，不断讨论。原来我们的题目叫做"曝光不足"，我知道朋友和很多同行手里都有一些发表不出来的作品，经过了改革开放和各种各样的变化，很多东西现在看来不是那么敏感了，不像过去那样，现在政府

○ (上图)深圳路,深圳,1981年。(下图)深南路,深圳,1983年。何煌友摄影作品。

的宽容度、理解力也有所进步，所以有很多东西都可以重新发表，包括这些"曝光不足"的照片。因为我知道美国1950年代有一个大型摄影展览，叫做"人类一家"，我也知道那个展览请的都是全世界著名的摄影师，当时我们参照的就是这个展览。发表过的有名的照片我们就不要了，我们就要那些"曝光不足"的照片。中国有那么多摄影发烧友，而且他们积累的这个信息量是53年的信息量，所以越做越大，最后我们说要超过"人类一家"，我们有601张作品，有250位作者，我们找到作者有上千人，最后选中250位作者的作品。

———————————

库哈斯　　　　　　　　何先生，请问您是从什么时候开始意识到您的整个职业生涯都和深圳息息相关？您觉得您的作品在摄影史或者世界作品当中的独特性在哪儿？您在1980年代开始就意识到自己的作品和深圳有紧密的联系吗？或者您有没有意识到您自己在做非常独特的纪录摄影？

———————————

何煌友　　　　　　　　我从1958年开始做摄影，1970年开始专门拍深圳，一直到现在。当时我在深圳文化馆专职从事摄影工作，整个宝安县当时就是我一个人从事摄影工作。我亲身经历深圳的发展，什么事情，包括红白喜事我都要拍，所以我拍摄的深圳比较全面。我走过深圳所有的农村，现在叫做自然村，以前叫做生产队，80%以上的生产队我都去过，最远的像南澳的，甚至大亚湾核电站那边的一些生产队。我们去那里采访要走很远的路，坐汽车到大鹏，然后再走路，早上从深圳出发，晚上才到那个地方，现在就很方便了。

深圳改革开放是从1978年十一届三中全会开始的。1979年3月，深圳宝安县改为深圳市，1980年成立特区。从这个时候起，特区的建设规模非常大，所以我开始注意积累资料。深圳以前的图片我已经有很多了，包括深圳大大小小的村庄，当时整个宝安县是以农业生产为主，工业基本上都没有，只有几个小作坊，特区成立后我就开始注意拍摄它的变化。为什么我有这种意识呢？因为我1945年进入部队成为铁道兵，修铁路的，做铁道兵时也是做摄影，参与过很多铁路的建设工作。当时每条铁路的建设从勘探到施工，到通车整个过程我都拍下来，积累了很多的资料。特别是1960年代在渡口，也是大建设的时候，当时我在一个小村庄，后来几十万人涌进去，非常热烈。我拍了很多的建设画面，这些照片之后都成了不可复制、很珍贵的材料。我感到这个特区建设比当时四川攀枝花的建设更隆重、更大型，我拼命地拍，不管白天黑夜。当时我们没有交通工具，坐公共汽车或骑单车过去。最早是蛇口，然后就是罗湖建设，这些资料我都拍下来了，不管有没有用都拍下来，现在看起来保存这些资料非常值得。

———————————

库哈斯　　　　　　就您自己的创作动力来说，您是受到纪录冲动的驱使，还是因为很多事物即将消失必须记录，或者对新生的东西感到兴奋，所以拍了这么多照片？

———————————

何煌友　　　　　　我拍这些照片是因为我本身就从事摄影工作，我在文化馆工作，我有义务拍摄这些场面，而且这些场景一瞬间就过去了，特别是一些大场面，有一些工地，今天有明天可能就没有了，所以我有紧迫感，抓紧时间，白天黑夜都在拍，24小时除了睡觉之外，相机都在身上，当时拍照片也没有考虑到那么多。

———————————

奥布里斯特　　　　当时您是为数不多的拍摄纪录照片的摄影师，现在每个人都可以拍。作为一个前辈您对于年轻的摄影师有什么建议？特别是2009年，您对于年轻摄影师的建议是什么？

何煌友　　　　　　　　现在拍照片的人非常多，仅在深圳市，摄影者就有4万人左右，摄影协会、摄影组织都有十几个，现在拍照片的这些发烧友，我们的同行们在深圳的各个角落都在抓拍各种场面。我建议他们不只是去拍那些即将过去的场面，现在的建设场景也要拍，群众、人民的生活也要拍，要全方面地记录下来。不要喜欢拍风光就跑到西藏、新疆拍，深圳很动人的场面也很多，天天都在变化，深圳有很多题材，深圳的发烧友还是以记录深圳的建设发展为前提，当然风光也可以拍，花草虫鱼也可以拍，但我认为这不是主流。

库哈斯　　　　　　　　我们有一个问题想请教两位，我想知道的是在中国，你们的摄影作品被国家美术馆或者博物馆收藏了吗？对于你们的新闻摄影照片有没有档案库来保存？

何煌友　　　　　　　　深圳博物馆收藏了不少我的照片，在深圳博物馆很多历史照片都是我拍的。我自己也在不断地整理，我现在出了三本画册：《鹏城叙旧》、《老深圳》（上、下册），都是一些纪录照片。还准备再出版一本《春雷》，就是反映特区建设，1978－1990年的纪录照片，还有1970年代深圳地形地貌的农村建设照片，我现在正在整理，还要看情况，资料比较多。

奥布里斯特　　　　　　我在巴黎和一个摄影师有很多讨论，他认为存放照片最好的地方是书而不是墙，您同意他的提法吗？您觉得展览的形式很重要吗？或者书是展示摄影作品最好的媒介？

何煌友　　　　　　　　我觉得展览也很重要，但是最重要的还是以书的形

○　中英街，沙头角，深圳，1981年。何煌友摄影作品。

式保存下来，书的传播效率也更高，展览只是十天、八天，短的三天、五天，观众是非常小的一部分，还是出书流传比较广，看的人比较多。

————————

安　哥　　　　　　我是摄影记者，"中国人本"展览中有几张作品由美术馆收藏，还有外国的收藏家收藏。不管有没有机会展出，我年纪比较大了，这几年我都在准备做画册和展览。画册和展览的传播和沟通的方式和效果是不一样的，这些年在策展的过程中对这方面也有体会。以前很多照片发表不出来的时候，我们从1980年代就开始自己卖票租场子放幻灯，这种传播和展示也是非常好玩的方式，很有意义。

————————

库哈斯　　　　　　您刚才提到小规模的展示，几个朋友之间的展示，是不是有一点怀旧？这样的小型群体可以在一起看照片？

————————

安　哥　　　　　　是啊，其实有十多年、将近二十年我除了在媒体上发表作品，经常会在朋友的家里、自己的家里，或者是卖票租场子，或者在一些大学、单位放幻灯，很多作品都是第一次在那种地方发表的，这种和观众沟通的方式也特别有意思。但是这些年做的展览比较多，我觉得也是很有意思的事情，而且在收藏方面也是很有价值的。

————————

奥布里斯特　　　　我最后还有一个问题，我的问题还是关于未来的。我想问二位对于未来有什么样的看法？

————————

安　哥　　　　　　关于未来我心里正在想，希望有生之年能够做一个正式的展览，把自己重要的作品亲手保存好，起码存一百年、两百年。另外做一些画册，这也是很好玩的事情，当然我的拍照还是在继续。另外，我是新闻记者出身，我想给库哈斯提一个问题，可以吗？

○　沙头角的服装市场，深圳，1987年。何煌友摄影作品。

| 库哈斯 | 可以！ |

| 安　哥 | 现在有一个很重大的新闻事件，您设计的 CCTV 的大楼被烧了，最近调查报告刚出来，报纸上又出了一条消息，我们都在关注下一步会怎样？您在中国遭遇这样的事情，您的体验对我来说是特别重要的，很荣幸能提出这个问题：您在建设的过程中，包括它烧了的过程中，包括处理的过程中，您在整个事件过程中的体验和感受是怎样的？ |

| 库哈斯 | 这个问题问得很好，当然我听到这个消息之后，我对中国社会有了一个更深入的理解，它是在新年的时候着火的，我在当时对中国的文化有了特别深刻的感受，这也是一种非常奇怪、独特的亲切感。 |

| 何煌友 | 未来的问题比较不好回答，我现在已经七十多岁了，拍照片也是心有余而力不足，爬山已经爬不上去了，跑步也跑不过人家了，现在再拍照比较困难。因为我几十年都在拍深圳的照片，我在考虑几十年以后，我看以前的老照片都找不到那个地方，深圳变化已经很大了，再过三五十年变化更大，更难找到原来的地方。我的摄影集已经准备出第四本了，但都是自费出的，展览也做了好几次，但展览看的人非常少。我老家在龙岗，在那里有一栋房子，我想把那栋房子改造成展览馆，把我所有拍深圳的照片都展览出来。我在1983年、1985年、1988年三次重拍深圳，拍了三年，每年一次，这些照片现在看起来特别珍贵。像上沙、下沙、皇岗以前的海岸线已经没有了，现在全部都是高楼大厦，但照片当中还有。你以后要研究深圳，深圳以前是什么样的，特别是1970年代，只有我的照片了。我想把深圳的根留下来，让大家以后可以继续研究它。现在深圳有 |

1000万人口，以前深圳只有20万人，深圳发生了翻天覆地的变化，如果这些纪录没有了非常可惜。我的愿望就是把老房子，家里的老房子拿出来，改成展览馆展出我拍的深圳，这是我可以做的，这就是我的想法，谢谢。

《素器》

（中国）

政纯办艺术小组

2009深圳香港城市 ＼ 建筑双城双年展参展作品

摄影_白小刺

○ 邵 忠　Thomas SHAO　✚　王 石　WANG Shi
（广州）（ GUANGZHOU ）　　　　（深圳）（ SHENZHEN ）

○　邵忠　（ 广州 ）　○　Thomas SHAO（ GUANGZHOU ）

创新出版人，现代传播集团（旗下出版有《周末画报》等十多种杂志）董事长，邵忠基金会创始人，知名专栏作家，公认的品位与时尚的权威。邵忠长久以来致力于推进国内出版业走向国际化和高标准。

○　王石　（ 深圳 ）　○　WANG Shi（ SHENZHEN ）

1984 年组建深圳现代科教仪器展销中心（万科企业股份有限公司前身），任总经理；1988 年起任万科企业股份有限公司董事长兼总经理，1999 年 2 月辞去公司总经理一职，现任公司董事长。作为登山运动的爱好者，王石 2003 年成功登顶珠穆朗玛峰，至今保持着国内登顶珠峰的最年长纪录。他又于 2004 年、2005 年先后完成了攀登世界七大洲最高峰和穿越北极、南极的探险，是全球成功完成"7＋2"壮举的第 11 人。

○　邵忠，孙晓曦摄影。

○　王石，孙晓曦摄影。

欧　宁　　　　　　　　下面我们有请下一组对话嘉宾：现代传播集团主席邵忠先生和万科集团主席王石先生。

奥布里斯特　　　　　请问邵忠先生，我看过您的一个采访和简历，我想问一下，您为什么会做《周末画报》这本杂志？

邵　忠　　　　　　　我做《周末画报》最重要的原动力就是一个梦想。因为最早的时候我觉得中国杂志像报纸，字较多，是用报纸纸印的，和国外的很多生活杂志有很大的区别，所以我们就想为什么国外可以做这种杂志，为什么我们不可以做呢？

奥布里斯特　　　　　我想听一下中国的平面媒体产业的状况，因为中国的平面媒体似乎比西方的平面媒体表现要好一些，因为目前西方的平面媒体面临一场很大的危机，他们的广告量下降很快，因为受到互联网还有新媒体的威胁，我想知道这个危机是不是对中国的平面媒体也造成很大的影响？您对这个问题怎么看的？

邵　忠　　　　　　　我觉得互联网对平面媒体的影响是全球化的，但是平面媒体里面受影响最大的可能是报纸，因为以报纸这种形态，和互联网的竞争非常激烈。我觉得平面媒体里面，杂志受到的影响相对少一点。我相信杂志对品牌呈现的形式感，我觉得互联网目前起码在近几年之内很难代替这一功能，不管是效果还是影响，杂志还是有一个竞争优势在，我们是这样看的。

奥布里斯特　　　　　您投资了很多杂志，我特别想知道您最近创立的邵忠基金会，我想问的是什么促使您创建这样的一个基金会，这个基金会的未来前景是怎么样的？

○ 邵忠基金会2009年2月23日至3月8日期间

在北京角度画廊举办的"二十四城记"展览。摄影：孙晓曦。

邵　忠　　　　　　　　我个人对艺术，特别是对年轻人的艺术，还有很多文化的东西，非常喜欢。我觉得艺术文化和商业有时候会产生冲突。现代传播是一个企业，并且已经是一个上市公司。如果你作为一个上市公司的主席，把个人的爱好特别是一些文化艺术的爱好混杂到企业里面，我觉得这对股东、股民是一个非常不公平的做法，这是我之所以做这样的基金会的第一个原因。

第二，我觉得做媒体是有使命感的，这和我个人的爱好有关系，因为我从小对文化非常有兴趣。我觉得如果有资源的话，应把很多的创意、文化，特别是年轻人的创意、文化推动起来。另外我一直喜欢为主流的东西和非主流的东西创建一个舞台，特别是在中国，很多时候主流文化都是强势的文化，这样容易造成非主流的东西没有发展的空间，也缺少一个让它们成长的机会，所以我觉得应该去帮助非主流文化，去尽一份社会责任，我个人觉得应该有这种人生的追求。

库哈斯　　　　　　　现在请问王石先生，您曾说，在您的建设当中，您更愿意做一个行业领跑者(Pacesetter)，而不是一个领导人(Leader)，我想知道您为什么会说这样的话？这两个角色之间有什么不同？

王　石　　　　　　　我曾说过我不愿意做一个所有者，而愿意做一个职业经理人。所谓所有者是你当老板，作为职业经理人是凭你的能力管理你的团队。万科是我26年前创建的，股份化改造以后我拥有很多股份，当时我就做了一个决定，放弃了所有股权。我记得当时美国的新闻广播集团CBS采访我，他问我拥有多少财富，我说我的财富被我放弃了。实际上这是我们东西文化价值观的不同，他就不理解，说比尔·盖茨有一个很成功的标志，他不仅仅创建了微软，而且是世界上最富有的人，中国大使馆商务

○　2009年3月27日邵忠基金会在北京尤伦斯当代艺术中心主办的"八零后的社会空间"

讨论会。左起：梁文道，麦巅，邓小桦，张悦然，郑健业，安猪，朱凯迪。摄影：孙晓曦。

处推荐了你作为中国最成功的企业家，现在采访你，你却说你没有财富，你把财富放弃了。他非常不理解。对于我来讲，我为什么要把财富放弃了呢？

第一，在中国不患寡，患不均；不患穷，患不平均。你突然很有钱了，你就处于一个非常危险的地位。从安全的角度来讲你突然很有钱的时候，你不要让自己很有钱，这是本能地保护自己。当你有很多钱的时候，我也想查你的财富是否合法，你的财富是否有毛病，这个危险也可能是杀身之祸，也可能让你流亡海外，也可能家破人亡，很多的可能你不知道，既然你不知道的话，你就离财富远一点。这么多年过来了，之所以我还能来和库哈斯这样的建筑大师对话，作为一个著名的企业家，我现在不拥有巨量财富，这样很安全。

当然我觉得这还不是要点，最重要的是第二点，我们都是从没有钱过来的，改革开放给了我们很多有钱的机会，我不知道我突然很有钱的时候能不能把握住。你已经创造了财富或者公司的话，作为职业经理人你去打理它，你就应该很谨慎。当你突然很有财富的时候，就是成为所谓的暴发户的时候，这种钱财你能不能控制住，在你的家族内怎么样分配，在你不清楚的时候你会感到非常胆怯。我为什么曾经查我的家谱，我希望我的家谱祖上有地主出身，因为我相信地主具有控制财富的一种能力。我上溯三十多代，全是农民，当然农民不能成为地主，不能成为资本家，知道你没有这样的基因，你还是离财富远一点。

第三，我还有自信心，即使我不控制工资，我凭我的能力，凭我的职业经理能力，我也能够管理这个公司，而且管理得很好。

实际上到现在，在中国大陆，万科现在是世界上最大的住宅开发公司，是

○ 2009年落成的深圳万科中心，斯蒂芬·霍尔(Steven Holl)和李虎设计。斯蒂芬·霍尔建筑师事务所供图。

控股的。实际上我拥有的股权只是万分之一点几，完全是一个普通的股东，但是我确实领导着公司，1988年股份改造之后一直到现在。

———————————

库哈斯　　　　　　您作为一个开发商，怎么看待中国在最近一轮哥本哈根关于全球变暖的讨论上的表现，您自己的角色和对政策的立场，因为我们知道开发商一般是不会和环境保护有关系，您对这个有什么看法？

———————————

王　石　　　　　　我是作为联合国环境署的特约代表去参加这次哥本哈根大会的，之前我以为我是两个身份：一是我作为万科公司的董事长，因为万科推动绿色建筑，推动环保、推动节能，在中国大陆它作为这样一家企业，知名度是比较高的；二是我作为中国企业家团体也就是一个NGO组织的代表来参加，NGO组织都是做环境保护，或者做慈善的。这次到了哥本哈根会议之后，我才发觉我这两个身份还不够，为什么？到了之后，很多外国记者提出一个问题，根据资料的报道知道王石本人，你的公司是在做绿色、做环保，但是为什么？为什么你作为一个中国企业家，你的中国企业，你的房地产公司做环保、做绿色，关心全球变暖，为什么？这个潜台词好像是国际跨国企业很多企业在做环保，但是这是西方的价值观念。世界500强企业中有很成熟的企业把绿色、环保问题，关于全球变暖问题放在企业的战略里面。为什么中国的企业家这么做？我记得当时我不知道怎么会冒出这样的回答，我说我是父母的儿子，什么意思？我也是人类的一员，现在我们人类面对着全球变暖，人类面对着生存发展的危机，我们中国人也是人类的一部分，我们中国人也应该在面对全球变暖的时候发挥我们的作用，中国政府有责任，中国企业家有责任，中国企业有责任，我就这样解释，他们明白了。

———————————

奥布里斯特　　　　我想问两个问题，你们都是革新的企业家，你们有没有未曾实现的梦想，即你们一直想做，但是没有实现的项目或想法？

————————

王　石　　　　　　　作为一个企业家，回忆我到深圳的26年，中国改革开放三十年，在回顾过去的时候，我用三个字来概括就是"想不到"。我个人在这样一个社会上能有这样的地位是没有想到的。万科到2007年，也就是走了24年的时间，突然成了世界最大的住宅开发公司，这点我也完全没有想到。第三是中国发展到现在成为世界上一个有影响力的大国，这个我更没想到。这是三个"想不到"，也就是说如果原来有什么梦想、理想的话，回顾一下突然发现你根本就没有想到。

我现在并不是一个退休人员，只是在回想过去，我还是这个公司的董事长。对于未来还有什么理想的话，我只能说用三个字来回答"不确定"，你不知道将来的发展会怎样。但是这一次哥本哈根会议给我一个很深的感触，我觉得我完成了从个人英雄主义到民族主义再到国际主义的过渡。就是刚刚说的，突然让我回答，我说我就是中国企业家，中国企业家群体的代表，我回答道我是我父母的儿子，我是人类的一员，我们应该从全人类的角度出发，思考怎么共同面对全球变暖的问题。对于未来虽然不确定，但是我们应该加入全人类来应对全球变暖，在全球变暖问题上，中国作为一个大国应该承担这样的责任。

10月26日，中国第一次对外明确公布，到2020年碳排放强度减少40%-45%。作为中国的企业家，我们要呼吁不但坚持碳减排，而且要做得更好，这是我对未来的设想。

————————

邵　忠　　　　　　　我有两个还没有实现的想法，第一是如何应用和结合信息技术促进传播的发展。我觉得这是一个梦，我们原来是做平面传播的，比较着重杂志的研究开发，但未来的信息技术对传播将产生一个很重要的影响，我们要从传统印刷、平面技术转变到信息化出版和传播，这方面是我们想要去做的。

第二是我受王石先生的影响，他也是我们公司的独立董事。他刚刚讲了绿色环保的概念，以前我们做传播时没有想到做这个事情，以前我们更多的是用一个 Luxury Lifestyle("奢侈的生活方式") 的概念去推动。中国以前缺乏奢侈和有品位的生活方式，过去我们在这方面做了很多努力，未来我们更多地要推动一种具有可持续性的生活方式，一种更好的低碳、低耗、绿色资源的生活态度，这方面很重要。我们在十几年前做杂志的时候根本没有这个概念，中国人只是想如何过得更好，如何更有钱。但是过了十年之后，我们回过头来，发现整个社会生活方式发生了很多转变。2010年是我们全世界一个生活方式重要转折点的年份，无论从消费方式，生产方式到所有方方面面将会面临一个重要的转型，我们觉得在传播方面我们也应该有一个新的转变，或者是观念的认识。

———————

库哈斯　　　　　　　　我有一个问题是提给二位的。我们都知道长期以来在西方有一个很幼稚的设想，中国实现市场经济的话，最后会实施西方的民主制度，但是实际情况不是这样的，我想知道你们二位对这种说法的看法，您认为中国现代社会正朝哪个方向发展？

———————

王　石　　　　　　　　首先，从一个大方向来说，就是不确定。中国改革开放三十年，加入 WTO 是非常关键的一步，也就是中国的经济融入了全球市场经济的体系，你会觉得到了今天最有意思的是真正提倡自由贸易，反对保护主义的其实是中国，这是两三年前大家都想不到的。

第二，现在全球的政治格局已经是以低碳经济作为政治正确的一个表现，中国10月26日的声明，国外认为还不够，我作为一个中国企业家认为这是一个转折点。这是中国主动地面对在全球变暖下的低碳经济的姿态，我觉得这样中国一定会出现全新的制度安排，这个制度安排牵涉到各个方面，简单来说是如何从一个粗放的、只讲GDP的经营模式到讲绿色GDP。不要小看绿色GDP，它更要讲透明、负责任、效率、科学。所以说我个人对中国怎么发展虽然不确定，但是我们还按照我刚刚说的、我们认为确定的方式这样去发展，去追求。

但是毕竟文化背景完全不同，西方基督教文明的背景我是很欣赏的，但是它首先有绝对的上帝存在，东方人是很难接受的，所以一定要让东方人来接受这个文化恐怕是有困难的，尽管我们知道现在在东方、在中国加入基督教的人数迅速增加，但是我们相信中国的传统文化，他们所信的上帝和西方人所信的上帝还是不大一样的。

——————————

库哈斯　　　　　　　上帝其实是一个非常不民主的概念。

——————————

邵　忠　　　　　　　萨缪尔森刚刚去世，我在新浪微博上向他致敬，因为我的大学毕业论文受到他的影响，他的观点颠覆了马克思经济学先生产后消费的理论。但是我相信马克思主义仍是非常重要的理论，比如"经济基础决定上层建筑"。你看中国经济发展到什么基础，它的上层建筑将会怎样去适应它，如果是多元的、吻合的，那你将看到中国目前的整个政治制度也是相配合的。中国的经济在不断发展，它的上层建筑也不断地在调整，最后我们相信，什么样的制度最好让人们去选择，我觉得这个是最合理的。

——————————

奥布里斯特　　　　　我们有一个非常想问的问题。我们刚刚谈到了农村，过去是对城市的狂热，现在大家对农村感兴趣。关于未来，农村是不是中国的未来？中国的未来是不是在农村？

―――――――――――――

王　石　　　　　　　中国现在还有7亿农民在农村，在中国，农村非常重要，但是我觉得中国的未来是城市，而不是农村。因为我们是退不回去的。我们现在面临的全球变暖是后工业时期发生的问题。工业革命带来污染，带来消费的浪费，带来全球变暖，但是城市改变人民的生活，提高人民的生活水平，这是一个大趋势。两百年前工业革命发生的时候，城市占人口的2%，一百年前城市人口占17%，现在全球平均城市人口已经占到60%，中国现在的城市人口占47%，我个人觉得中国城市人口在占70%以前，城市化进程是不会停止的。所谓田园农村式的社会我觉得不适合中国的发展，因为亚洲人多地少，在亚洲只有向高发展，只有更多的公共交通、地铁，这才是亚洲人多地少发展的模式。我感觉亚洲的出路还是在城市。

○　2009年落成的深圳万科中心，斯蒂芬·霍尔(Steven Holl)和李虎设计。斯蒂芬·霍尔建筑师事务所供图。

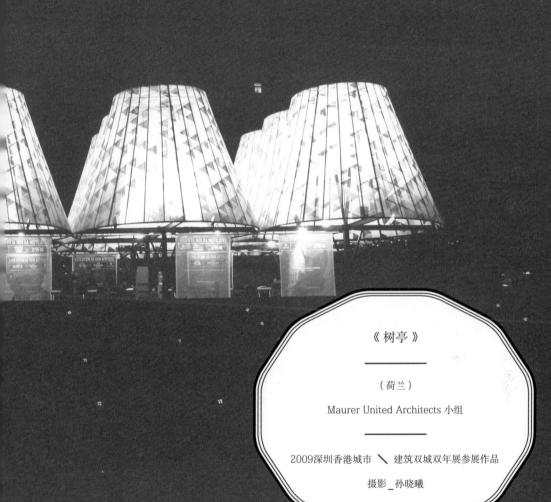

《树亭》

————

（荷兰）

Maurer United Architects 小组

————

2009深圳香港城市 ╲ 建筑双城双年展参展作品

摄影_孙晓曦

◯ 舒 可 心　SHU Kexin　✚ 本土行动　Local Actions
（北京）（BEIJING）　　　　　　　　　　（香港）（HONG KONG）

　　◯　舒可心 （北京）　◯　SHU Kexin （BEIJING）

物业和维权专家，曾任北方工业大学教师，中华国际技术总公司技术部经理，中信集团大隆技术公司技术部经理，香港成悦实业有限公司董事长，朝阳园业主委员会主任（民选，公益），中国人民大学公共政策研究中心社区治理项目组项目研究员（受聘，公益），北京多个小区的业主顾问（自愿，公益）。

　　◯　本土行动 （香港）　◯　Local Actions （HONG KONG）

本土行动是2006年年底在香港出现的组织（参加本次对话的包括：周思中、朱凯迪、邓小桦），本土行动致力于城市规划民主化，早前的行动包括：游行、静坐、集会、绝食、保卫码头。通过出版物、网页、视频、写作宣扬他们的主张，获得了广泛关注。

〇　　舒可心，孙晓曦摄影。

〇　　周思中、朱凯迪、邓小桦，孙晓曦摄影。

姜　珺　　　　　　　下面一组对话嘉宾之一是来自香港的"本土行动"。"本土行动"是2006年在香港出现的民间组织，致力于历史保育和城市规划的民主化，其中的三位成员周思中、朱凯迪和邓小桦来出席今天的对话；和"本土行动"一起的是来自北京的舒可心先生，他是北京著名的物业与维权专家，他的名言是"社区是民主制度的摇篮"。

库哈斯　　　　　　感谢你们参加马拉松访谈。我的第一个问题是提给"本土行动"的。你们曾目睹了2005年韩国农民在香港反 WTO 的游行，在2007年反对拆除天星码头和皇后码头的运动中你们成了主角，你们从中获得了什么？现在反对的或者是现在的目标又是什么呢？

周思中　　　　　　从2005年反 WTO 的游行中我们学到的一个东西是集体感。社会运动强调的是个体，但我们也要避免集体被个人利益所左右。在抗议 WTO 的过程当中，我们发现在游行前线是不一样的，我们不想受到旁边人的影响，但我们也意识到我们要反对的人不应在我们中间，而是在另一边，我们要团结对外。特别是看到这么多不同的学科或者是不同组织的活动，包括韩国农民的这一场游行，我们发现这的确是我们需要的一种东西，在获得政府认同的过程中所需要的一种东西。韩国农民和韩国组织者发起的这场运动，让我们意识到集体的重要性，这也是我们想在香港取得的一个目标，创立一种团体感，一种集体的感觉，我们要一起做，实现这个目标。

另外一点是，我们发现城市的物理空间本身就是社会运动当中一个很重要的因素。因为在过去，不同的社会运动之间相似度很高，模式都差不多：以哪儿为起点，行经什么地方，政府大楼都是最终的目的地。但是在最近的体验中，我们发现城市不同的街区和街道其实有利于扩大我们的信息覆盖面，包含着很多机遇和可能性，可以让我们的信息被更多公众看到听到。特别是在冲突对抗的情况下，我觉得对空间的利用，以及集体感的创立这两点是我们从那几个事件里面学到的最重要的东西。

我们现在正在做很多不同的项目。因为我住在九龙一个很老的社区，这个旧的社区里面还是有很多小店，很多户外的摊位，它们保留了香港以前的生活方式，但是这个地区目前受到很多政府方面的压力，包括环境的清洁、整理等，所以现在我们帮助这些餐馆的业主、店主，让他们意识到自己的权利，不要被政府部门吓坏了。所有的这些小店，还有这个社区里面的人，形成了一个底层的经济圈，这就是他们赖以生存的东西。我们要鼓励和帮助他们保存自己的生活方式，这不是一站就过去、以后不回来的东西，可以作为一个持续的工作来做。

———————

邓小桦　　　　　　　　我基本上是文学写作、写诗的人，现在主要在做的事情是在香港做一本文学杂志《字花》，并且推动实施建立一个文学馆。办这个杂志，我们想做的事情是用文学的先锋性，对整个世界观念进行反省，重新去质问当下社会不正确的地方，希望可以凝聚一些年轻的、对生活、对社会、对文字、对各种事物都有要求的年轻人，把他们从文字的世界和现实的世界连起来，让他们去做一些事情。推动建立香港文学馆的理由也是一样的。香港是一个缺乏主体性的地方，因为它的文化记忆经常被政府有计划地消灭。比如说，文学在世界任何地方都是一个主流的保存文化记忆的东西，非常受尊重的事物，但是在香港，文学是一个非常边缘化的东西，许多保留在文学里面的本土意识、本土记忆、本土情感是被边缘化的。我希望如果有一个文学馆的话，可以从一个远一点的历史教育的层面去支援整个社会运动，使文学馆成为社会运动的土壤，成为我们社会改变可能的条件。

朱凯迪　　　　　　　　　我记得2006年、2007年发生的天星码头和皇后码头保育运动有很多源头，其中一个源头是对资本把我们的城市重新建构这个过程的批判和反思。这个过程在中国大陆表现为私有产权的不断被侵占，拆迁事件不断发生，但是在香港，我们去思考它的角度却大为不同。比如说，我们有很多的公共资产，有一些公共房屋被私有化，变成一个高级的商场，这些公共房屋和历史建筑，例如天星码头、皇后码头，以及公共空间，都是公有资源，但它被拆除了，变成商场。我们模模糊糊有一点历史的意识，这个地方是不是和我有一点关系，于是我们去反省，去参与反抗的运动，在这个运动里重新发现香港的历史，重新创建我们的主体性。香港的历史重新成为改革香港社会运动一个很重要的资源。以前不是这样的，以前没有人说原来我们发现过去一段历史会给现在这么大的能量，现在我们会有这样的想法。

最近我们在做的工作是保护一个五百人的小村（菜园村）。菜园村现在面临一个问题，由广州到深圳再到香港的一条高速铁路要通过这个村庄，它面临拆迁。一个快速、巨型的基础设施会摧毁一个村落，在这个过程里，我们有很多的反思，我们开始重新发现这个村的历史。这是一个什么地方呢？为什么我们从来不知道？我们在逐渐扩展我们的思想。什么叫融合？什么叫地区融合？这是我们需要知道的过程，让这个铁路牺牲某一些人，以方便另一些人，这就叫做融合吗？

从天星码头的抗争到现在，一个很有趣的趋向是很多的艺术和文化工作者，开始很积极地参与社会运动，他们提供了一些有趣的东西给大家参考。比如现在我们要建高铁，香港段才26公里，但要花669亿港元，这是全世界最贵的铁路了，很多艺术界的朋友在想，我们怎么去思考这个花费呢？

669亿可以拍2230套《建国大业》，如果我们要爱国，要融合，不如我们去拍电影！

————————

库哈斯　　　　　　　　我想问舒可心先生一个问题，在您的简历当中，您有很多在社区工作的经验。社区通常不是作为科学家们工作的领域，我想知道您作为一名科学家，作为一名工程师，是如何看待社区工作这个问题的？您觉得这是不是一个组织可以延续的模式？或者是像一个乌托邦一样的想法，这种做法是不是具有它的可行性？

————————

舒可心　　　　　　　　首先我想每一个人在社会上有不同的位置，也可能和DNA有关。我父母都是做公共服务的，我可能对公共服务有天生的兴趣。我是学计算机专业的，作为一名计算机工程师，到香港做公司，都没有找到感觉。正好赶上中国改革开放，有了这样一个机会，让我能够实现我的公共服务的理想。其实，很多做公共服务的人目的是升官发财，在中国这是一个生存之道，他当公务员，当政府官员是为了生活，他不是为了公共服务，而是为了换取他的生活和权力。我不是这样的人，我喜欢服务大众这样的事情，纯粹是喜欢。孙中山先生说，"政治就是众人之事"，所以也可能我喜欢政治。目前中国房地产市场被大规模开发，出现了很多新建筑，使得很多来自中国不同地方的人居住在一起，冲突增多，如何解决这些冲突，我想到胡锦涛、江泽民那里上访都没有办法。江泽民曾经说过一句话，"社区不牢，地动山摇"，意思就是说社区要稳固。今天的奥巴马成为美国的总统也给了我们这些人一个"出路"，做公共服务是一个很有前途，很有意思的事情，它应该是一种理想。

————————

库哈斯　　　　　　　　可否用您的专业知识讲一下如何在这种模式下工作？

————————

舒可心　　　　　　　每一个人的背景对他的工作都会产生影响。在中国，学政治的，他所学到的知识就是帝王之术，就是权术。通过读历史学到的政治，学到的公共管理，都是如何拍上面的马屁，如何听领导的，然后欺负下面的人。我是学计算机专业的，这个专业使得我在公共服务工作中懂得如何使工作程序化、制度化。我认为人类最重要的一个活动就是把一些政治家、精英的灵感，或者是他们的行为最后用文字写成法律，然后流传给后世，计算机工作人员也是把自己的灵感用编码写成程序，然后让它运转，这两者是一样的。

在社区自主治理过程当中，我把自己当成了一个治理工程师的角色，总结大家的社区治理经验，然后写成制度设计，写成文本。然后反过来叫社区的居民去表决，最后形成这个小区的宪法，成为这个小区的宪章。这样就把社区治理从过去个人领袖的管理变成社区大众的自我治理，这是我最有兴趣的。所以我想说，中国搞经济改革给了我们一个机会，给了王石先生一片土地，让王石先生盖了房子，他盖了房子，把房子卖掉他走了，这个土地就留给了成千上万的居民，这成千上万的居民向政府租了70年的土地，有点像港英政府向中国租了99年的土地，这片土地上的人，在这70年之内，你有机会建一个香港，也有机会建一个美国，也有机会再建一个皇权的中国，就看你们这群人想怎么做。所以我觉得这是改革开放给我们这一代人特别好的机会，所以我老说我们没有兴趣当奥巴马、毛泽东，当党领袖，我有兴趣当议长，因为一个小区的议长就是组织议会来表决，然后让奥巴马去干活，让温家宝去干活，我觉得这个更有意思，我做业主委员会的工作兴趣就在这儿。我觉得美国的政治家，美国的国父们大概都是政治学、公共管理学的工程师，差不多都是这样的。

奥布里斯特　　　　　我想问更多有关计算机工程和社区体系设计的问题，

我觉得一个有计算机工程背景的人对社区体系的设计会有更深的理解，您能谈谈这个吗？它们之间的关系是什么样的？

————————

舒可心　　　　　　大家知道美国的总统选举是靠选举人制，在当时的情况下，只能靠这种办法在效益和公民之间找一个平衡点。但是随着网络的发展，我们在社区发动群众，在提高公民参与度的过程当中，我们又用了手机群发短信，会用网上聊天，会用BBS，甚至我们现在正在构建一个网络表决系统，这样的话就使得大家更容易参与到社区事务当中来。过去太麻烦了，因为大家都要去现场，这一点我要提醒在座的建筑师和规划师们，苏联帮我们城市做规划的时候，每一个区域内都有一个礼堂，就像西方有一个教堂，让人们经常在一起讨论事情。苏联专家走后，中国的城市规划就没有这样的公共活动场所，政府害怕人们组织起来闹事，所以在社区里面找一个一两百人开会的地方是非常困难的，我希望在大陆的城市规划中，还是要设计类似于教堂这样的会议室。我们在社区的虚拟网络方面，发挥了我们作为计算机工程师方面的一些特长，还可以用电子播报、BBS站，很多网络方面的、还有微博这样的东西，都可以加快传输速度。我和美国人一起沟通的时候我就讲，美国发展到今天用了四百年的时间，我们中国用了一百年的时间，因为我们用高效率的传播途径。以前一个村子如果有一个好的制度要传播到100公里以外要很费力气，现在中国香港的朋友们有一个好的办法，可能10分钟之内大陆的人就会知道，这个效率是非常高的。因此中国的变化也是仰仗于互联网，仰仗于这些串行的、跨行业的参与，计算机在民主进程、社区参与方面提供了非常重要的作用。

————————

库哈斯　　　　　　我想问"本土行动"一个问题，就是大陆和香港的关系，特别是深圳和香港的关系，你们也提到了两者之间的一个联系，你们觉得这个联系是正面的还是负面的？

朱凯迪　　　　　　　　我主要讲香港和深圳这一方面。现在香港和深圳的市民在城市管理的方面是没有连接的。深圳来一条政策，搞一条高速公路过来，香港要配合，在这个过程中可能深圳市民和香港市民都受害，或者都不愿意，但他们都没有发言权。我觉得正面的力量也是有的，比如说，在香港的东面和深圳连接的一段边境地区，因为以前是一个军事禁区，不是发展用地，所以它的生态、绿化保存得特别好。现在这个地方在规划做一个新的口岸，将有一条新的高速公路从这里连接到惠州，有一些香港和深圳人在想，我们是不是真的需要这个口岸和这条高速公路？两边市民都很珍惜这个绿色保护地带，如果这个开发可以照顾到这个需要的话，大家都会觉得是一件好事，反之就不尽然了。但是现在这个连接还没有出来，在深圳的报纸上可以看到有些反对的声音，但是深圳的反对者和香港的反对者还没有连接起来。

舒可心　　　　　　　　我想说深圳和香港、香港和大陆的关系都是非常密切的。解放初期，香港和国家的高层有一些来往，省港大罢工的时候曾考虑要不要收回香港，那个时候有可能收回香港，但是周恩来总理认为还是维持现状好，他的决定是非常正确的。以后的朝鲜战争和西方对中国进行封锁的时候，全部是香港的商人帮助大陆解决很多的物资供给，没有香港，大陆很多事情做不到，这个是香港商人做的，因此他们也赚到了钱。

我1982年大学毕业，1983年来到深圳，那个时候这里全部是一片黄土，那个时候深圳的乡里面的书记都是一边穿着拖鞋一边系着领带，什么情况都有。那个时候禁止看香港的电视，我们都是偷偷看翡翠台的。后来香港慢慢能影响大陆的人民了，现在看到这些村长已经很绅士。实际上文化的影响、商业的影响，也包括政治的影响、公共管理的影响都非常大。过去深圳市要决策一件事情，不会设想深圳市民会不会反对，大家是不敢反对的，后来因为看到了香港人能够在香港政府、总督府前面"闹事"，所以深圳人说，他们能，我们为什么不能？所以这种公共管理和公共参与上的影响是非常大的。我觉得香港和大陆的关系有一点像现在中国影响朝鲜一样，中国的东北、丹东一定在影响朝鲜，现在朝鲜的人到中国来和我们以前去香港一样。社会最终是向着多数人的愿望去发展的，人人都应该有参与的权利，我想参与我能参与，有权利我不一定用，但是你不能剥夺我这个权利。

我们今天坐到这里我想说一句，这个是我梦寐以求的。大家不可想象，我们能坐在深圳市的市政厅 —— 市民中心里来讨论，这是个市民的地方，而不是市政府的地方，整个这一块土地都是深圳市民的，这个概念越来越被深圳市民和公务员所接受。没有香港，深圳的观念不可能改变得这么快，中国也不可能发展这么快，所以香港对深圳和中国大陆的影响非常大。

奥布里斯特　　　　有没有未完成的事业或者是项目？比如说一个绿色的社区或者是其他没有实现的社区梦想，或者因为规模太大了、太小了而没有得到实现的，任何这样的项目。

朱凯迪　　　　　　我觉得现在从整个珠江三角洲的角度来看，香港的新界是一个很重要的地区，这个宝贵的地带现在受到很多不同方面的压力，在香港有开发商要去开发它，把它私有化；深圳方面也有开发的压力到香港来。我们最想实现的一个想法，是如何让香港新界的这一片土地，这片连接深圳和香港的土地，可以重新有农业，可以让两个城市的人民有一个新的生活方式的选择，它未必是一个生产性很强的地方，但却是一个可以让我们呼吸一下新鲜空气的地方。

舒可心　　　　　　　　我觉得我选择了这一辈子都看不到目标的一件事情，因为我的理想就是让社区的居民来自己决定自己的命运，我并不想说我这个项目是让他们做商业，拿个项目搞工业，我希望每一个社区都可以按照社区居民的意愿，选择他们的生活方式，我做的就是告诉他们我们能这样做，你们能这样做。中国的发展这么不平衡，在社区自主治理这样一件事情上，广州、上海、深圳、北京这样的地方可能发展得比较快一点，但是离西方的发达国家比较远，参与式的规范、参与式的社区治理活动都差很远，我现在在青海一个地方当公益村长，帮他们做社区发展。

我有一个想法，我感觉邓小平是对的，当时我们做合作化的时候，所有的农村都做合作化，但是搞土地承包的时候，人们可以自由选择。现在中国还有一些社会主义的村子，比如说东北的新十字村，华南的一些村子，当村民可以选择一个什么样的制度，按照自己意愿去生活时，别人不要去干涉他们，其实他们有权利选择。

《 可以穿的建筑 》

————

（美国）

Ball Nogues 建筑小组

————

2009深圳香港城市 ╲ 建筑双城双年展参展作品

摄影_白小刺

伍 ▌ ◇ 092 - 107 ◇

○ **胡 向 前**　HU Xiangqian　✚ **卢 杰**　LU Jie
（广州）（GUANGZHOU）　　　　　　　（北京）（BEIJING）

○ **邱 志 杰**　QIU Zhijie　✚
（北京）（BEIJING）

○　胡向前 （广州）　○　HU Xiangqian （GUANGZHOU）

视觉艺术家，其作品以批判的眼光审视中国南方的社会、政治和市政问题。21岁时参与竞选南亭村长，此举虽然荒唐却也一时活跃了这个村子的政治生活。他开展了一项名为《太阳》(2008)的项目，作为研究种族问题的试验，每天在太阳下晒几个小时直到变成黑人为止。

○　卢杰 （北京）　○　LU Jie （BEIJING）

"长征计划"和长征空间的建立者和负责人。2002年创建至今，"长征"已经成为了检验视觉文化、创意表现和革命记忆的试金石。卢杰毕业于中央美术学院美术系，在伦敦大学歌德史密斯学院获得策展硕士学位，并曾在多处授课、演讲以及策展，在人们日益意识到艺术有能力融入其社会背景的今天，卢杰已经成为了一股不一样的声音。

○　邱志杰 （北京）　○　QIU Zhijie （BEIJING）

视觉艺术家，教育家，作家。他是2002年"长征计划"的策划人，目前负责中国美术学院综合艺术系。邱志杰曾参与策划了中国第一个当代录像艺术展，他还是20世纪90年代末的"后感性"展览的主要发起人。邱志杰的思想、作品和精神激励了一代中国当代艺术工作者。

○　胡向前，孙晓曦摄影。

○　邱志杰，孙晓曦摄影。

○　卢杰，孙晓曦摄影。

奥布里斯特　　　　　　　第一个问题是提给胡向前的：广州曾出现了很多很好的艺术家，最早是1990年代的时候，在"移动的城市"这个展览中我们发现和推出了很多出色的广州本土艺术家，您是在广州工作和生活的新一代的艺术家，远离北京、上海这样的中心，您能不能谈一谈广州的艺术创作的环境，它如何影响到您的创作？

胡向前　　　　　　　关于广州，我不想重复太多，大家很熟悉了。我没有在北京和上海待很长时间，所以不能对北京和上海有太多的评价。广州和它们有一个不太一样的地方，就是在这里做什么都没有人理你，你也不会有压力，也不会引起注意，个人做什么都行。

奥布里斯特　　　　　　您有一个录像作品给我留下了很深刻的印象，作品名字叫《太阳》，它不仅涉及种族的问题，也涉及自我转换极限的问题，我想请您谈一下这个作品。

胡向前　　　　　　　为什么我做这个作品？因为广州有很多黑人，这是一个很重要的原因。广州的小北路那里住着几万黑人，我和我的朋友很喜欢这个地方，它有很多非洲餐厅，有很多很有意思的东西。我和几位黑人朋友非常好，他们中文很好，可以和我交流。我们平时经常出去吃饭、唱歌之类。我觉得他们肤色很酷、很漂亮，希望我有一天也有这样的肤色，或者是这样的头发，这样一定是很好的事情。我先做了，因为我知道大家讨论的问题肯定会是这种关于种族的很宽泛的问题。我这个人有一个习惯，不会有太多问题，一开始我不可能带着一个种族或其他问题去做，我是先做了这个事情以后才提出一些问题，而且在这个过程中，有的时候很痛苦，但我也挺享受这个过程的。

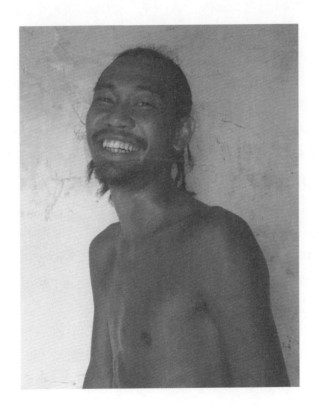

○   胡向前作品，（上图）《蓝旗飘飘》，2006。（下图）《太阳》，2008。

奥布里斯特　　　　　这是您个人的创作，我们之前也听说了您参与了农村社区选举的事，这是一种自下而上的自我组织的运动。您在广州也有一个小小的艺术空间，您能不能谈一下您的观察社？

胡向前　　　　　观察社其实有四个人，其中两位是香港人，两位是广州人，我们要一起谈我们和香港的关系。刚刚那几位香港"本土行动"的几个朋友也说到这个问题。他们说原来香港人和深圳人有相同的想法，在我看来这是很好的，我们先是朋友，这是前提。就像我们和香港的几个朋友先是认识了很多年，后来我们才决定成立这个观察社。在这个观察社之前，我们和广州另外几个朋友做了一个没有名字的空间，后来我的朋友们觉得没有必要再做下去，就停了。但是我觉得自己还是需要这样的空间，后来和香港的两位朋友说起，因为大家很长时间没有聊天，我说了这个问题，香港那两个朋友也说有必要，我们需要有一个独立的地方做自己要做的事情，不要和别人商量，这个事情不能再去香港，因为香港的地太贵了，房租太贵，我们就在广州找了一个60平方米的房子。当时我们选择了广州市中心的一个居民楼内的一处房，以前是一个发廊，因经济问题倒闭了。业主愿意便宜一千块租给我们，后来我们在说起这件事的时候就说经济危机对我们有利，这使我们有可能实现我们的想法。

库哈斯　　　　　我想问一下卢杰先生关于长征空间的问题，还有您在长征空间做的项目。因为我们注意到，在过去的几个展览当中，毛泽东时代的痕迹还是很明显。

卢　杰　　　　　历史上对长征的解读是很多元化的。我们最早的想法是想将长征视为一个宏大的历史叙事，看在历史时期人们如何展开关于长征的革命记忆、社会意识和革命意识，想看一下对一个历史事件的理解，

○　胡向前作品，《两个男人》，2008。

如何被公众所接受，怎样留在公众的记忆里——"长征计划"是围绕这个话题展开的。我们当时想的是，通过传统和现代的对话，或者是地方和全球的对话，如何能把长征还原至中国历史中原本很重要的位置。其实毛泽东是回到这个问题的一个关键人物，现在把长征叫毛泽东领导下的长征。我们提出的问题就是革命为什么能够贯彻得那么彻底？为什么全中国都可以被塑造成一个革命的群体？毛泽东怎么会有能力把中国从一个封建或者是传统的状态，带到民族国家或者是现代社会的观念中？1990年代末的时候我把"长征计划"构思出来，那个时候我也在想本土的展览政治，关于中国当代艺术的话语，那个时候国际上对中国当代艺术的讨论都是从20世纪80年代末开始的，是很简单的对艺术的泛政治的表面化的理解，这种对中国当代艺术的理解在全球话语符号系统里面是很流行的，其实是些陈腔滥调，所以我们想怎么去把当代艺术还原到一个真正激进的位置，真正介入到社会当中。

所以，我们在考虑中国的当代艺术如何可以摆脱表面化的政治论述，如果摆脱不了的话，我们怎么能够用稍微有意思一点的方式去触碰这种过往的历史现象，而且去说清楚这种革命到底是如何发生的，革命的经验是一个什么样的经验，会怎样影响我们对整个中国历史的理解，哪一些历史时刻比较能和我们现在的时刻产生一些关联。我们这个项目也可能被想象或者解读为一个玩世的东西，一个愤世嫉俗的东西，或者是一个很极端的政治表述，或者就是"新左派"，这些都是简单的误读。当时"长征计划"的想法是最终可以成立一个独立的艺术系统，怎么能够改变艺术的网络和资源。这样的一个考虑，都是在艺术或是"长征"的宏大叙述下面进行的。我们也涉及"长征"作为一个乌托邦，或者乌托邦怎么成为现实的想象基础，怎么可以重新去思考革命继续的可能性。

○ 卢杰策划项目，"长征：一个行走中的视觉展示"，2002－2007。

（上两图）隋建国作品，（下两图）邱志杰作品。

为什么要用"长征"作为一个焦点主题呢？因为它涉及很多不同的问题，比如说移民、身份、政治；艺术是什么，价值是什么，价值的产生，视觉经济等诸如此类的问题。我发现在国际话语空间里对中国的认识非常有问题，中国的现代史里只有少数的东西被认为是正面的东西，而历史上的长征倒是确实被看作是一个非常正面的历史时刻。在整个神话里面，它如何把自己的思维开发得更广泛，也包括不同的参与者群体，包括权力政治，权力如何找到一个引发人民激情的神话，怎么能促成一个社会的变动，都非常值得探讨。

————————

库哈斯　　　　　　　　相信您也在我们的对话当中留意到，我们只能嫉妒您。我是荷兰人，我们国家的神话，比如说威廉·泰尔拿一个弓箭去射一个苹果，是很小的神话，不是像长征那样的，所以我们很羡慕你们有这样的故事。这种政治神话会让这个语境变得更有意思。包括刚才的两位摄影师，他们拍的很多东西都可以变成社会现象的反映。我想问您，您从您的中国身份里解放了出来，有的时候您是否会想到这个问题，就是中国身份或者是中国性对您的个人经历有一些什么影响？

————————

卢　杰　　　　　　　　"长征计划"不只是中国人做的关于中国的计划。我们最近在东南亚做"胡志明小道"计划，是"长征计划"的延续。2002年我们思考长征，我们也在想国内和国外的关系。中国的革命其实很重要，它在整个全球革命里扮演很关键的角色，也带动了很多思想上的资源，包括军事资源。1930年代长征开始的时候，国民党和纳粹军事顾问有关联，中国红军和共产国际有关，也是有德国人在指导，长征路上应该也有瑞士人。我们的计划的目的是要超越中国，我们没有受狭义上的中国的限制。

————————

奥布里斯特　　　　　　这个问题是提给邱志杰的。您也是"长征计划"的

————————

积极参与者，同时您的身份也是多元化的，您既是艺术家，也是策展人，做的事情也涉及很多不同的方面，您能不能谈一谈这些不同的身份或者是不同的实践对您的创作有什么影响？

邱志杰　　　　　　基本上我不太相信今天关于身份的打分标准，我经常会被误导，到底是策展人，是教师，还是艺术家？我也经常反问说，在中国古代，像苏东坡这种人是政府官员，是书法家，是画家，还是"策展人"？当诗人们在他家里聚会的时候，他其实很像策展人。所以我比较倾向于中国文人的概念，差不多就是我现在的这种。

奥布里斯特　　　　这使我们想到您的"整体艺术"的概念，因为"整体艺术"和中国传统有很密切的关系，您这种"整体艺术"的概念随着时间流逝有什么样的变化？

邱志杰　　　　　　"整体艺术"最根本的想法是和中国传统相关的，这个概念也来自瓦格纳，来自博伊斯的想法，包括对我有影响的人，还包括泰戈尔的国际和平大学，他在印度的家乡做乡村建设的这些工作。2003年我开始回中国美术学院教书的时候，学校还是按照媒介来划分专业的，例如文化、摄影、录像专业，但是我坚持用带有文化倾向的概念来界定录像，阻止用媒介来谈论问题的结构。我对"整体艺术"的界定首先是要把文化研究建立在艺术研究的基础上。我试图找到一条道路，能够打破艺术界的左右摇摆，要么有一半艺术家跳出来说你们在搭象牙塔，我们要关注社会，我们要建立生活，接着下一代有一批艺术家又跳出来说他们那批人过多地被政治利用，过于工具化了，所以我们要保护艺术，保护艺术其实就是保护人性。

更年轻的一代要进入社会、艺术界，包括策展活动，他们一直在这种合法运动当中。我提出这种"整体艺术"，就是希望能够从教育领域开始，能够超越这种合法运动，以及把体制内和体制外、正确和错误那么简单"一刀切"的思维方式，并且从年轻人开始。

库哈斯　　　　　　　您在20世纪90年代参加和策划了很多重要的展览，包括"后感性"展览，您能不能和大家谈一谈您对"后感性"的理解？

邱志杰　　　　　　　"后感性"是从1999年开始的，这些参展艺术家一直活跃到今天，变得非常有名，展览也很成功，因此这个展览也变得很有名。到2004年、2005年就不那么活跃了。在"后感性"的时代，中国的艺术界，我们说的"江湖"还是存在的，这个"江湖"和道德有一点冲突，但是仍然存在着大家共同认同的一种道德体系和潜规则支配的亚社会。这个时候你做一个展览，这种知识共同体是存在的，大家都会来看，也会形成一些议论，尽管评价会有一些出入，但是评论的是一些共同的事情。这样一种情况无疑让年轻艺术家一方面容易走极端，因为你想有钱就必须先出名，要出名就必须做惊世骇俗的事情，先吸引大家的眼球。一方面是按照这个程序来做，另一方面是一种极端，展开比赛，所以后来做了很多惊世骇俗的事情。

相比之下，今天年轻人的自我组织模式、共同体已经分裂了，今天这个"江湖"已经分裂，它被一些代表多种利益、多种面相、小的体制所取代，被商业的体制、时尚的体制所取代。它的结果是有一部分年轻艺术家，他们先弄钱，然后还有机会做点实验。像我这种老派的道德主义者大概就会认为不妥，整个程序会让我们有一点不太适应，确实也不是我们以前老的方

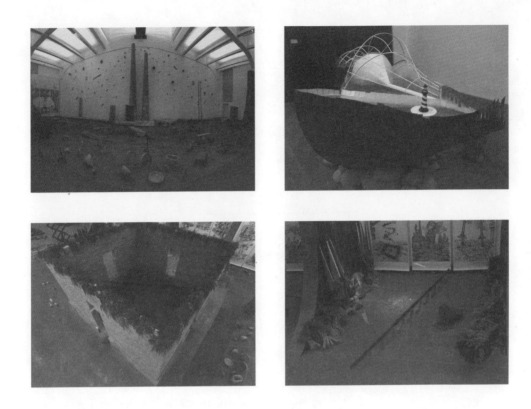

○   邱志杰个展，"破冰 —— 南京长江大桥计划之三"，尤伦斯当代艺术中心，北京，2009。

式，同时他们就不像"后感性"时代那样去走极端，在北京、上海这个比较明显。

另外，今天的"江湖"在某种程度上依然存在，但是变成了互联网。互联网和"江湖"相比，它的道德品德要求没有那么严格，是比较乱的，就像我们过去讨论的"地下组织"，今天的"地下"可能真的是比较被忽略那种，这就是差别。

———————————

库哈斯　　　　　　我的问题不是针对作为一名中国艺术家的你们，而是一个比较大的问题。如果看看艺术家的创作活动和建筑师的创作活动，我们在描述这两者之间用了不同的词汇。现在要让建筑师去讨论瓦格纳，或者使用"整体"这样的一个概念，很难或者说基本上不可能。我很好奇的是你们对此有什么看法？为什么你们作为艺术家可以涉及这些领域，而建筑师却进不来你们刚刚所说的不同的领域。

———————————

邱志杰　　　　　　我觉得之所以今天我们谈论不是在音乐作品媒介的意义上谈论瓦格纳，就是说我们的一个作品能不能既完成自我建构，同时连接上社会。但是艺术界整体来说没有建筑界时尚，艺术界不会认为什么概念是过时的，就是说没有一个概念在生存的意义上完全过时，这是我对这个事情的理解。

———————————

胡向前　　　　　　我接着邱老师的话来说，建筑是很时髦的，你越时髦的话，受到的关注也就越多，你的作品也会越受关注，要谈的问题也不一样。

———————————

卢　杰　　　　　　我觉得不必为建筑师喊冤。建筑本身就"整体"，建筑师也很"整体"，建筑师很"整体"，就不需要考虑"整体"的事情。当代艺术还是一个切片，以长征的经验来说，它需要在空间里面建设一种关联，尤其是在空间里面建设一种记忆，去影响对社会、知识、身体、经验、视觉、甚至对审美的理解。但是建筑师把所有的东西都总结概括起来，而且里面有甲方、乙方，所以非常"整体"，这个工作和它的母体之间是联结在一起的。

邱志杰 　　　　　　　我有一个问题问库哈斯先生。您做了很多社会调查，在这个过程中获得了不少非常奇观化的形象，您自己也生产了一些作品化的形象，其实这些形象之所以出现往往是不正常的经济结构的产物，也就是说对我们所谓的精英、知识分子，我们眼中的民间创造力其实往往是非常痛苦的结果，采集到这种形象的时候，您是怎么来判断这个事情的？比如说您在珠江三角洲做调查，您看到了很多非常奇观的形象，这一定为您的著作增色不少，可是这些形象在很大程度上是不正常的经济结构的产物。

库哈斯 　　　　　　　我并不想说我是一个精神分裂者。首先，人们认为知识分子要有一个立场，要有一个批判的立场，这是在20世纪七八十年代对艺术家和知识分子的预期，我觉得这种批判性的唯美概念里面有一种虚伪性。知识分子型的建筑师有一种惯性，他的想法是别去行动，因为到了某一个程度，你自己的判断会干扰你的观察力，它会干扰你收集资料、收集形象的过程。所以我做珠江三角洲研究的过程当中，我很惊讶，我发现建筑师能接受一些限制。我觉得我收集的这些数据，比我对它们的解读更重要，我曾经做过记者，我有过一种纪实的方式。我有新闻的方法论在里边，用一个立场来看一个现象，这也是一个可以包揽海量信息的历程。

奥布里斯特 　　　　　　　这可以联系到很多不同的研究、策划，包括艺术，您提这个问题很重要，关于调查和研究的运用，我们可以想到您做的南京长江大桥的计划，里面很多的作品都产生于您的调查和研究。我们有一个很急迫的问题，我想说的是建筑这个行业的特点是现在的项目特别多，建筑师出的画册，往往是他们没能建成的设计，但是艺术家会说实现计划是非常急迫的。你们作为中国当代艺术的主角，你们有哪些未能实现的计划？

卢　杰　　　　　　我可以分三个方面来回答这个问题。"长征计划"一开始作为一个展览出现，在原计划中有20个展场，4个月流动的过程，但我们当时实施的时候只是走到了第12站泸定桥，然后回到北京，所以说这一次我们的旅程并没有走完。2002年回到北京以后，我们进驻了798，创建了长征空间，走入了一个出版、教育这种多元活动的阶段，所以这又产生了很多未实现的计划。第三个，我想到胡向前把自己变成非洲黑人的计划，他在广州很容易就实施了。您问广州和上海、北京有什么区别，你看艺术家徐震的作品也是关于非洲小孩的作品，他把凯文·卡特的照片，重新用一种比较戏剧化的方式呈现，也是贯穿苏丹、中国这些不同的问题，这个方案最初是要在伦敦做的，但最后在北京才可以实现。这就是这些城市间的区别。艺术家这种无法实现自己的方案的经验在很多不同层次都有体现。

胡向前　　　　　　其实在更多的地方可以实现，但是我看这个问题是正常的。我们要做的东西太多了，可能现在还可以做，我的想法基本上都能做出来。

邱志杰　　　　　　其实我的绝大多数计划都未能实现。

《 超级转盘 》

————

（美国）

艺术家 Amy Franceschini,
Dan Allende 和 Futurefarmers 艺术小组

————

2009深圳香港城市 ╲ 建筑双城双年展参展作品

摄影 _ 孙晓曦

○ 姚 嘉 珊　Marisa YIU　✛ 姚 嘉 善　Pauline J. YAO
（香港）（ HONG KONG ）　　　　　（北京）（ BEIJING ）

○　姚嘉珊　（香港）　○　Marisa YIU　（ HONG KONG ）

2009香港双年展总策展人，美国纽约州的执业建筑师、美国 AIA 建筑师学会成员、香港建筑师学会附属会员，以及香港设计大使董事会成员，现任香港大学建筑系助理教授。eskyiu 创始人之一，eskyiu 在纽约和香港主要从事有关整合文化、社会和科技的建筑设计项目。2000年以来，她一直研究有关香港文化景观的生产和消费问题。

○　姚嘉善　（北京）　○　Pauline J. YAO　（ BEIJING ）

工作在北京和旧金山的一位独立策展人以及学者。生于美国，在1990 年代初来中国学习中文，后回到美国芝加哥大学取得东亚研究及艺术史硕士学位。作为中国艺术助理策展人为旧金山亚洲艺术博物馆工作的五年期间，她参与策划现代和当代艺术展，在多种杂志期刊上发表文章，并执教于加利福尼亚艺术大学的硕士课程，其间为独立研究项目多次来中国。2006年获得 Fulbright Grant 奖并重返北京。2007 年获中国当代艺术奖 (CCAA Art Critic Award)随后出版《生产模式——透视中国当代艺术》。兼任《当代艺术与投资》编委。2008 年作为创始人之一创办了北京箭厂空间 (Arrow Factory)。她是2009深圳双年展策展人之一。

○　姚嘉善，孙晓曦摄影。

○　姚嘉珊，孙晓曦摄影。

库哈斯　　　　　　　　首先我对你们两位提一个问题，能不能讲一下深圳和香港在本届双年展里的关系？

姚嘉珊　　　　　　　　本届双年展策展过程中最有意思的一点是香港主办方比深圳晚了6个月才选拔策展团队，两个城市在组织和进程方面是完全不一样的。对于香港策展团队来说，我们只有5个月的时间来准备，从挑选作品到制作，到布展。我是两年多前搬回香港住的，大家都说香港是一个文化沙漠，但是对我来说最有意思的就是对这种文化沙漠的概念做出回应。我自己的体验是非常棒的，"城市动员"作为一个主题首先是欧宁提出来的，而我们香港策展团队则选择了 BYOB(Bring Your Own Biennale)，即"自备双年展"作为副主题。香港和深圳的历史背景完全不一样，因此我们考虑如果让公众参与到这个展览中时，我们认为最重要的一点是社区对香港当代身份究竟意味着什么，以及把双年展视为一项持续三个月的活动与展览。

库哈斯　　　　　　　　我还有一个问题想问您，很多人说香港是文化沙漠，我听过很多香港人也这么说，我想知道为什么香港人老是觉得香港是文化沙漠，这到底是现实还是一种想象？这样说到底有什么样的目的，是想给黑社会和秘密社团一种地位和权利吗？还是一种故意的边缘化？难道说香港是文化沙漠可以使艺术显得更加前卫？

姚嘉珊　　　　　　　　实际上文化沙漠这种提法是阿克巴·阿巴斯 (Ackbar Abbas) 对香港文化消失的现实过程的回应，可能沙漠本身能够为我们提出另外一种隐喻。我们香港策展团队昨天晚上也谈论了很多这个方面的话题，我们一直在探讨如何在这个区域或者这个社区里注入各种不同的生活方式和不同的活力，把西九龙这片"文化沙漠"看成一片进行测试、实验研究和培育思想及鼓励文化交流的场地。

姚嘉善　　　　　　回应刚才提到的深圳和香港在本届双年展里的关系的问题。我们其实希望一起合作对两个城市的潜力做一个展览，两个城市合作可能会比单个城市的潜力更大，两个策展团队之间是有一定联系的，我们不是各自为战。我们一开始就觉得这种做法有很多潜力可以发掘。我们也想把"城市动员"的项目在两个城市的空间同时进行，但是由于各种不可控制的原因没有实现"两个城市，一个展览"的感觉。

库哈斯　　　　　　我发现很少人愿意真正去谈论自己对两座城市联系的想象，好像是大家不愿意特别深入地去讨论这个话题，为什么？

姚嘉珊　　　　　　我在研究1967年、1968年爆发的一些历史事件，希望找出上海的工业转移到香港后，对香港当地社会的影响，以及它再从香港转移至深圳和珠江三角洲以后带来的社会影响。我觉得这可能与现在香港和深圳的关系也有某些相似性，要深究的话就要追溯到英国的那种殖民主义的制度系统。我也是这个系统的受益者。我觉得那个时候的一些政策还在延续，它带有保护主义的色彩，这可以解释为什么今天香港和深圳之间存在着一个竞争的关系。如果说现在以一种比较强烈的方式把一些连接深圳和中国大陆的交通设施直接插入西九龙地区，这会产生一种新的现实。我是在九龙长大的，离西九龙也就是本届双年展的香港场地比较近，童年是与印裔、巴基斯坦人、英国人及美国人一起度过的。我觉得这个建设可能会更类似于殖民时代香港存在的某种英国方式，它带来很多来自不同殖民地的多元文化，也许这个可以说明今日香港人和大陆人之间的某种关系。

奥布里斯特　　　　　　　　本届深圳香港城市＼建筑双城双年展已经到了第三届，我的问题是有关可持续性的。我觉得在哥本哈根会议后总体的形势下，我们要走出一个以自我为中心的文化，进行一种可持续性的文化。所以我想知道，每两年很多人飞过来或者是坐火车过来参加，然后就结束，就安静了，过了两年再来，你们觉得怎么才能产生比较有可持续性的状况，就是说双年展的效应会不停地反复产生？还有，我再提一个问题，就是我们现在虽然有威尼斯双年展这么成功的双年展（哈拉德·塞曼说威尼斯是所有双年展的母亲），但很遗憾，威尼斯没有收藏，如果他们早期开始收藏的话他们可以很便宜地买一些很重要的作品，但他们当时没有收藏，威尼斯到现在为止也是靠收藏家和企业的赞助，深圳和香港如何去考虑收藏的问题，双年展能不能变成一个收藏的行为，这样可以有助城市的记忆？

姚嘉善　　　　　　　　这个问题提得很好，黄伟文也提过。在参与这次双年展策展团队的时候，我一直在想怎么能够让它持续，怎么能够超越它本身的时间限制，怎样在一个固定的范围内可以做出一些最佳的贡献，怎么能够影响到在场者。我们当时希望找到一些别的场地，比如说南山，在这些分展场可以使几个作品展出的时间更长一些。在市民广场这边肯定是一个很固定的形式，可能别的场地更开放一些。但是我也不知道怎样开始收藏、或者是保存的工作，不知道如何让它可以按一个比较长的时间框架存在下去。如果这些参展作品能长久保存下去，就会给一些不在深圳的人们更多的机会来看它们，这样其实我们就可以赋予这些作品一种超出一届双年展时限的生命。

我也和一些艺术家谈过，我们如何在展览结束之后持续他们的作品的生命力。比如说整个作品不行，但是可能它的一些部件可以重新组织变成另外一个东西或具备另外一个功能。这个收藏的问题我们策展团队很早就考虑过，因为这个展览绝大多数作品都是专门为这个展览定做的，都是新的，所以我们其实不是从收藏家、美术馆或画廊借来的现成的作品，我们是从零开始来制作和生产这些全新的项目。你付出这么大的努力和资源来实现这些作品，如何能给它们一种持续的可能性，或者让它们被收藏，这的确是一个要认真考虑的问题。

———————

姚嘉珊　　　　　　　回答黄伟文的问题，是的，香港的过程的确很复杂。不同的是我们在"城市动员"的共同主题下，还有一个副主题 BYOB(Bring Your Own Biennale)，即"自备双年展"，我们和深圳的策展方式是不一样的。深圳是提前18个月开始进行的，他们很早就选定了总策展人，香港要向深圳学习这种文化政策。

回到作品本身的问题，我们也不想做一些很表面化的作品。参展作品必须提出一个问题或一个强烈的讯息，更需和社区以及香港的公众产生一些关系。比如说我们有150个学生和一个真正的农民在进行有机食品种植研究的计划，这可能是对你们提到的关于跨学科合作的一个回答。在香港展览这边还有一个方向，比如说我们有一些从事环保工业设计的设计师也参加了这个展览，研究物质的生态循环以及它与普罗大众的需求之间的关系。但是回到双年展在香港的角色，这可能和深圳又有很大的不同，因为在香港这是一个很大的挑战。因为我是一个建筑师，所以香港展览比较偏向建筑，但我们也关注社会政治方面的内容，我们邀请了作家陈冠中，他是《号外》杂志的创办人，他为我们的展览画册写了一篇讲建筑师的社会责任的文章，他说建设师不仅只是建筑师，他还可以是记者和观察家，以及一位响哨者(whistle blower)。因此我们香港这边着重于建筑与社会的问题。

———————

库哈斯　　　　　　　刚刚舒可心先生说到了市政厅的重要性，对我来说香港给我留下最深的印象是政府和艺术界之间的关系。在香港，这种把艺术家请到市政厅进行研讨活动是难以想象的，您怎么来评价这种差异？

———————————

姚嘉珊　　　　　　　我觉得双年展是一种机会，也许和黄伟文说的一样，我基本上还是很积极乐观的。我觉得找到这种机会，然后使这种稳定的结构不稳定，是我们想要达到的一个目标。我们在香港也采取了非正式的网络活动的形式去展开对话和讨论。在筹备双年展的过程中，能够遇到很多很有意思的想法，还有创作人，包括我自己的策展团队，我觉得特别有意思。但我们都感觉到香港有一些空白需要填补，特别是在政府或者说是政策制定者方面，我们的确感受到香港这边有很多需要批判的地方。

———————————

姚嘉善　　　　　　　就像我刚刚说的，本届双年展中深圳的展场是非常独特的，对我们整个展览的概念有很重要的影响，参展作品在展场中和环境产生互动，作为策展人以这样的方式来工作是非常令人振奋的。能够被邀请到有这么多的国际艺术家、建筑师和文化工作者参与的活动中来面对中国社会的问题，我感到非常兴奋。我们也很高兴地看到深圳市政府对我们的工作提供了这么大的支持。对我来说，作为策展人是一个很大的挑战，也是一个很大的机遇和回报。本届双年展已经进行到了第三届，每一届都比上一届前进一步，发生了一些小变化，出现了更多和公众互动的机会，也与城市发生了更深的联系。

———————————

奥布里斯特　　　　　有很多策展人，包括欧宁都有一个自发的平台，这种自发的组织结构也是我们之前讨论很多遍的，您能不能谈一下 eskyiu 的项目？

———————————

姚嘉珊　　　　　　　我和另外一位双年展策展人 Eric Schuldenfrel 组成

———————————

〇　坂茂(日本)，2009 深圳香港城市＼建筑双城双年展主展馆设计。摄影：白小刺。

eskyiu 设计小组，它于2005年在纽约成立，2007年搬至香港。我们一直在研究如何把设计、技术和社区结合在一起，让它们成为一种公众参与的工具，它不是通过文字或者传统的方式，而是利用建筑作为一种不断变化的形式来促进这种互动。我们做的一个项目是在"9·11"事件后，对纽约唐人街的研究和设计。

奥布里斯特　　　最后一个问题，在你们眼里，深圳香港城市＼建筑双城双年展的未来是怎么样的？

姚嘉善　　　我觉得您这个问题的用词很有意思，您是不是想问两个双年展的未来是联合在一起的，还是分开的？到底是两者之间的合作越来越紧密，还是区分越来越明显？我的希望是将来能够结合得越来越紧密，让两个双年展能够跨越不同的领域、不同的地域，同时也创造一种对话平台，在去掉一些分歧的情况下进行更多的交流。我不知道未来到底是应该希望这种区别消失，还是希望这种区分越来越模糊。

姚嘉珊　　　也许我们需要等到2017年，或者更久以后，来看这两个双年展的潜力到底有多大。我希望这两个双年展能够更加多元化，而不只是两个城市，两个极端，我们希望有更多的城市和地区比如东莞、乌鲁木齐等能够参加到这种展览系统来。

○　黄国才和黄炳培(香港)，《双黄出海》，

2009 深圳香港城市＼建筑双城双年展参展作品。摄影：白小刺。

○   Christian J. Lange和Rocker Lange建筑小组(美国、香港)，《都市适配器：香港的新型街道设施》，

2009 深圳香港城市＼建筑双城双年展参展作品。摄影：白小刺。

○ 施琪珊和陈维正(香港)，《安居落叶》，
2009 深圳香港城市＼建筑双城双年展参展作品。摄影：白小刺。

《双喜》

（法国）

Didier Fluza Faustino 和 Bureau des Mésarchitectures

2009深圳香港城市 ＼ 建筑双城双年展参展作品

摄影_孙晓曦

○ 张 永 和　Yung-Ho CHANG　╬　汪 建 伟　WANG Jianwei
〰〰〰〰〰〰〰〰　（ 北京 ）（ BEIJING ）　　〰〰〰〰〰〰〰　（ 北京 ）（ BEIJING ）

○　张永和 　（ 北京 ）　○　Yung-Ho CHANG （ BEIJING ）

非常建筑 (FCJZ) 工作室创始人，该工作室对许多中国建筑的追随者有着深远影响。自2005年起，他担任麻省理工大学建筑学院院长至今。此外，他还为多个重大建筑界活动（比如 M-Conference, 2005深圳双年展等）担任策展人。张永和是第一位将当代建筑理念引进中国的建筑师。

○　汪建伟 　（ 北京 ）　○　WANG Jianwei （ BEIJING ）

中国最著名的观念艺术家之一。汪建伟曾在四川学习绘画，并作为首批中国内地艺术家参加了1997年卡塞尔文献展。随后他转向录像艺术，制作了一部长两小时的纪录片《生活在别处》。他目前的录像作品涵盖了包括纪录片、戏剧类等各种类型，主要探讨目前中国社会和经济巨变的大背景下的生产、建筑空间以及权力关系等议题。

○　张永和，孙晓曦摄影。

○　汪建伟，孙晓曦摄影。

奥布里斯特　　　　　　我不是第一次向两位做这样的采访，这是我第三次对两位做采访。我的第一个问题是对汪建伟提的。早些时候谈了很多农村的话题，我想接着谈。就是在经过了1990年代对城市的狂热之后，不光人们开始怀疑城市，也开始发现农村的概念。我们之前讨论过这个话题，我们讨论的农村不是田园牧歌式的农村，而有着其他的意义。汪建伟在录像当中讨论了城市化进程还有城市居民的居住现状，特别是1997年的《生活在别处》，讲的不光是城市和农村，而且是两者之间复杂的联系。我想问的是十年之后您是如何看待城市与农村以及两者之间的联系的？

汪建伟　　　　　　就像今天我们频繁地被问到关于未来的问题，其实我们的回答都是今天对未来的一种想象，而这种想象基本上是由今天的恐惧构成的。我觉得今天农村的问题实际上大多数是由对城市的恐惧想象而来的，在这个想象当中，真正的农村是不存在的，就是真正地理意义上的农村是不存在的，很多关于农村的想象其实是由于对城市问题比如说污染、道路拥堵、就业困难等等的恐惧引起的。但大家不要忘了，其实农村是受污染最严重的地方，城市所有的污染转移到了农村。当初我回到四川做《生活在别处》的调查，涉及人类学中"调查"这个词。人类学有一个很重要的概念是"田野调查"，从异地获得的经验，通过异地的经验给你所拥有的经验做一个参照。当时做这个作品的时候，首先我想问当代艺术的意义在哪里？当时统计有7000万农民失去土地，他们既不能回到曾经属于他们的土地，在城里又没有他们的位置，他们的意义又在哪里？这两个意义或者说无意义，我认为是当时中国很重要的问题，在1997年的时候它们还仅仅是一个征兆。今天我们仍然喜欢把所有东西摆在非常清楚的位置上，再特意地把它变成一个问题。总之，我今天想要简单说明的就是新农村的概念在很大程度上来源于我们今天对城市的恐惧。

〇　汪建伟个展，"时间·剧场·展览"，今日美术馆，北京，2009。

奥布里斯特　　　　　　我们刚和邱志杰谈了很多关于"整体艺术"的问题，能不能听一下您对"整体艺术"的看法？因为您的作品中涉及很多艺术类型，包括视觉艺术、录像、行为、戏剧等，甚至和建筑也有很多联系，您对"整体艺术"是怎么看的？

汪建伟　　　　　　　　最近我们在谈一个词叫"跨界"。在谈"跨界"的时候，这个"界"从一开始就已经是成立的，也就是说"跨界"意味着有"界"，通过"跨"，使这个"界"越来越坚硬。另外，我想从知识整合来谈艺术，我觉得知识整合的概念让所有事物处于一个被其他事物监督的关系当中。我们常常只是把这种态度用到对某一个人或者某一个事件上，其实整个社会包括你自己，作为任何一个个人，你让这个事情处于参照当中，这是它真正有意义的地方。比如说"整体艺术"，不是把所有的东西放在一起就构成了艺术，是因为其他的知识有可能对艺术本身构成了一种威胁，它的威胁在于发现了在一个没有参照的系统里的问题，它没有监督机制，所以我对"整体艺术"的理解是它首先必须在知识整合的背景下展开。就像常有人说："汪建伟，你为什么用科学和文学的方法做艺术？"其实我不是要用文学做艺术，而是我把艺术放在一个有其他系统可以参照的监督下，这样的工作让你感觉到是可信的，而不是说以艺术的名义来行使你无限度的权益，这就是我对"整体艺术"的看法。

奥布里斯特　　　　　　您最近的作品，例如《隔离》，越来越多地以建筑为参照物，比如塔特林的第三国际塔，我想知道的是今天您如何把作品和当代中国的社会现实结合在一起？

汪建伟　　　　　　　　这个作品灵感来自本雅明的《拱廊计划》，他引用马克思的论述，认为不是纯粹的自然史进入历史，而是自然化的生产被作

○ 汪建伟个展，"时间·剧场·展览"，今日美术馆，北京，2009。

为历史来读解。另外，它也来自马尔库塞对意识形态的评判，他认为有一个维度被忽略了，就是意识形态整个物理化实践的过程，会被分配在任何一个技术的细节上。我觉得非常有说服力的就是塔特林的塔，这个塔包含了意识形态和艺术领域，他想做成303米的塔，正好超过埃菲尔铁塔的高度，这个高度暗含了另外一个命题，即社会主义一定要创造出一种新的生产方式和生产制度来超过资本主义，可惜这个塔至今还只是一个模型。我前几年一直在收集中国从1950年代到改革开放前这一段时间的家具，我觉得这一段时间非常重要地体现了一个意识形态的政治体制以及由此产生的一种与之吻合的生产方式，这个生产方式所生产出来的产品，对一段时期的生产生活完全是一种封闭性的垄断。我觉得这是一个实现了的东西，但它并没有延续，我觉得它和塔特林塔之间是不是有一种关系？我也有一个数据，正好用了409个旧的家具重建搭建了塔特林塔，我称之为《隔离》，也就是说你看到的物质化现象是不同时期和不同意识形态的试验方式所产生的。

库哈斯　　　　　　　我想问张永和一个问题，如果看看您的资料我们会发现您曾经说过一句话，您在一次采访当中提到了"中国新建筑"，您对此做了一些描述，我想让您进一步谈一下"中国新建筑"这个概念。中国当代建筑是不是有一种和传统的分裂？根据我个人的体验，当然不是与您有关，而是和您父亲张开济的创作实践有关，即他原来设计的国家博物馆。我通过参加最近国家博物馆的竞标项目，深刻地理解到张永和父亲的建筑，这是一个非常难得的经验。这栋楼兼具国际性和中国性，虽然我们很难定义中国性，说不清楚它到底在哪里体现了中国性，可能是它的安静或者严格的尺度？我的这几个问题连在一起就是"中国新建筑"是什么？或者您怎么实现"中国新建筑"？因为您是第二代中国建筑师，而且您对建筑比所谓的第一代中国建筑师有更深刻的认识。

张永和　　　　　　　　实际上"中国新建筑"的问题里头包含了两个问题，一个是"什么是新"，另一个是"什么是中国"，这两个问题没有一个简单的回答，但是这两个问题集合成一个问题是一定要问的，因为这个问题是一个动力，要回答它，必须去看以前中国建筑师做的工作，可以由此建立起一个语境和一个坐标，往前走就更有意识地找一个方向。具体在今天来说，"新"也好，"中国"也好，这两个概念都是动态的，都是不断变化的。此时此刻的今天，就是因为哥本哈根会议刚刚开完两天（事实上这个会议所关注的议题早已经开始了），我觉得非常有意思的一件事，就是"中国新建筑"应该跟低碳经济和低碳文化紧密结合在一起。

库哈斯　　　　　　　　我想问一个比较尖锐的问题，我想谈一下您父亲那一代的建筑师，为什么对于他们来说，想象一种新的建筑不是困难的事情，而对于我们来说就是一个问题？

张永和　　　　　　　　其实这不是一个新的问题，而是永远存在的。我父亲他们那一代建筑师有他们很特殊的挑战，其中有一个对我们来说已经不存在了，就是如何把传统的、西方的、古典主义的建筑语言和社会主义的、马克思主义的意识形态相结合。这个结合的结果当时在1950年代就是新建筑吗？这肯定是的。可现在呢？在市场经济的情况下，我们这一代建筑师的业主不是政府，而是新的中产阶级等等。我觉得又要重新问这个问题，什么是新建筑？恰恰这是最古老的一个问题。

库哈斯　　　　　　　　但是您同不同意我的说法？我们今天在为市场和私有者工作的过程中，丢失了一些东西，特别是与为公共部门工作相比的时候，我们的确定丢失了一些东西。

张永和　　　　　　是这样子，我父亲他们当时是给政府工作，他们刚好有机会做一些公共的设计；我们这一代人因为给市场工作，如果要做公共建筑或做公共城市空间，就得去争取。所以这里面建筑师的责任在改变。

库哈斯　　　　　　我想问一个不同的问题，汉斯和我都很惊讶地看到您和马清运在同一年决定在中国发展最迅速的时候回到美国，是什么原因使你们再度回到美国？

张永和　　　　　　我们都去错了地方，当时我们想得不太清楚。只有两点我是明确的：第一点是想学技术，所以想去麻省理工学院；第二点是到美国去可以和中国、和我自己做的工作之间创造一个距离，这样我可以看得更清楚一点。从后一点来说我是彻底失败了，因为那边也是每天做这边的工作，而且现在是一个全球化的世界，所谓距离实际上是最理想主义、最浪漫的事情，根本就不现实，所幸的是过一学期我又回来了。

奥布里斯特　　　　有意思的就是，虽然您离开中国，实际上您没有真正离开过这个国家，我觉得这个问题也可以与汪建伟一起讨论。我第一次和中国当代艺术接触是在1990年代初期的巴黎，那时候黄永砅是我的邻居，侯瀚如、严培明跟我们成了朋友，还有陈箴，当时在中国当代艺术圈里有很多的活动。我想问汪建伟，您从来没有离开过自己的祖国，这肯定跟黄永砅这样在海外生活过的艺术家不一样，您有没有想过离开中国？我觉得从整体来说这是一个很复杂的主题。

汪建伟　　　　　　对于我来说，我认为要获得一个对自己工作的监督，检验自己的工作是不是有意义其实有很多方法，一种方法是从空间上找距离，另一种方法是从别的文化里面看自己的文化，还有一种方法就是从其他的知识里面找到这个距离。对于我来讲，可能我选择的是第三种方法，我觉得这与身体有关，我愿意把身体包括思维方式，放在一个不同知识的方法论中，从中看它们之间相互责难，也就是始终把自己放在有问题的地方，我觉得这个方法对我来说很有意思。所以我在北京一住住了二十多年，到现在我认为它仍然让我保持这样的思维状态。像您刚才所说的其他艺术家，通过离开自己的地域和文化，从另外一个角度和另外的文化与空间来看自己，与我非常不同。我就是喜欢用另外一种知识体系，或者用更多的知识体系不停地给自己制造一些障碍，这是我的一种工作方法。

张永和　　　　　　　　我想加一句，两天前我从美国、汪建伟从瑞士回来，我们俩时差倒得非常厉害。今天有一个说法叫"全球化实践"，一点也不浪漫，其实是一个挺辛苦的体力活，但在不断动的过程中保持了一个汪建伟所说的状态，等于一种新的辛苦也是必要的。

汪建伟　　　　　　　　我觉得今天有一个东西挺重要的，上次汉斯和侯瀚如策划广州三年展时谈到了"后规划"，它让我想到今天所有的个体的"后规划"的状态，里面有一个"后身份"，就是测不准身份，除了让你不可能获取准确的地点，也不可能让你获取准确的称呼，我觉得很多事情在这样一种暧昧的时候开始发生。前两天和一个朋友在谈，他用了一个词，我们对这个词非常有兴趣——"不清楚"，很多事情是从"不清楚"开始的，我们的意识和教育体系教育我们必须清楚，必须清楚就让你处于一个非常没有选择的境地，你的结果必须清楚，结果的清楚就意味着你从一开始必须要用清楚的事情和清楚的规则确定它，我觉得这个事情是不值得做的。为什么呢？因为它没有可能性。所以我觉得现在的状态挺好的，按照中国的话说是让你失去那种明确的状态，我觉得我就是这样。

库哈斯　　　　　　　我有一个关于信心的问题，你们都是刚刚进入50岁吧？中国很快就会崛起成为一个举足轻重的大国，这种情况是如何影响到你们自己的信心还有你们的身份的？

汪建伟　　　　　　　我觉得国家的自信和个人的自信是有区别的，实际上很多时候自信来自于你始终找不着它。如果你确定无疑地说你很自信，那可能是一个危险的征兆，因为你可能就没有明天了。有时候我甚至不知道，因为在很长一段时间我认为成功的标志是胸有成竹，在中国的教育观念里，做事要一气呵成，干事要胸有成竹，但是实际上我觉得物理学有一个概念叫"熵"，它恰恰颠覆了这个理论。高度稳定的系统到了一种状态，这种状态实际就是没有可能性的状态，这种状态只有两种出路：一个是突变，一个是崩溃。我做《人质》的作品受到"熵"的影响，任何高度封闭的系统都有可能发生突变，对我来说自信可能来自于这个过程。

张永和　　　　　　　其实国家的自信有时候真的是一面镜子。我自己其实也不会想，想也想不明白自己是不是自信。我在美国发现美国建筑师都特别悲观、特别消极。我大概每个月回来一次，我在这里接触到一种自信，它是国家的，但是也体现在个人身上。我到一个楼下的理发店，人们一边理发一边说的话都是特别有信心的话，开发商说话也底气十足，不知不觉把这个反映出来。有时候我自己会忘记，但美国的同事会提醒我，好像我对未来的信心比他们要多得多。倒是有这么一个情况，但是不是真的有信心是另外一回事。今天的世界，例如气候变化的事情，通过开哥本哈根会议完全可能有两种可能性发生，一种是，参加开会的193个国家变成一个大家庭了，一起做事情，那是一个积极的方向；另一种可能是这193个国家变成几组，又发生世界大战，这个真的非常微妙。对于我个人来说，我可能比汪建伟大一岁，我53岁的，都那么老了还看不出明确的方向，还不

○　张永和策划，深圳城市＼建筑双年展，2005。

断地找，可能动态的过程是很积极的，但心里没底。

———————

奥布里斯特　　　　　还有一个问题，你们两位能否讲一下对未来的想法。

———————

张永和　　　　　我希望未来中国有可能比其他地方先实现低碳，这不是道德的问题，也不是纯科学问题。不同的未来从不同的生活方式、不同的技术、不同的建筑等等体现出来，这是我希望看到的未来。

———————

奥布里斯特　　　　　不同的政治制度呢？

———————

张永和　　　　　刚才我已谈到未来可能带来不同的国际关系，可是也可能带来不同的国内制度。

———————

汪建伟　　　　　我要说的是，未来实际上主要是由今天的短缺构成的，而且它有两个部分，短缺产生欲望，也产生恐惧；恐惧产生了你对未来不断的想象。所以对我来说，最好是继续保持恐惧，但是欲望所产生的腐败不要带给未来，简单地说就是让今天留住腐败，不要把它交给未来，同时让未来和今天保持足够的紧张，这个未来才是正确的。

———————

奥布里斯特　　　　　我还想问张永和最后一个问题，您在2005年策划了第一届深圳双年展，当时我是第一次来深圳，我觉得当时我们的讨论就是马拉松的前奏，虽然不是现在这样的形式，但问的问题还是一样的，只不过我们现在在一个大厅里有更多的人来参与而已。我还是要问相同的问题，这跟本地的问题有很紧密的关系：您对深圳双年展的看法是什么，还有您心目当中理想的双年展是什么样子的？

张永和　　　　　　　　黄伟文其实已经提到，当时我们用了一个比较模糊的词"城市开门"作为展览主题，想说的就是开放，中国向国际开放，城市向农村开放，制度上的开放等等，是一个包容多方面的概念。这个概念也包括了作为第一届展览，它对后继的展览的开放。开幕式也有一个"开"字，这个"开"是很重要的。现在是第三届了，我只是匆匆地转了一圈，没有时间仔细看，它的主题是"城市动员"，"动员"这个词包含着谁动员了谁，我希望是双年展的策展人、艺术家、建筑师，当然还有知识分子，一起动员了深圳市民来参与，如果是这个概念，我们开的头还算是成立的。

○　张永和设计，湖南吉首大学综合科研教学楼及黄永玉博物馆，2003—2004。

O 张永和设计，湖南吉首大学综合科研教学楼及黄永玉博物馆，2003－2004。

《人工制品：幕墙》

————

（新加坡、中国、美国）

偏建设计

————

2009深圳香港城市 ＼ 建筑双城双年展参展作品

摄影_白小刺

○ 唐 杰　TANG Jie　✚ 高 志凯　Victor Zhikai GAO
（ 深圳 ）（ SHENZHEN ）　　　（ 北京 ）（ BEIJING ）

○　唐杰　（ 深圳 ）　○　TANG Jie（ SHENZHEN ）

四川人，曾在天津冶金建设公司做了八年工人，之后开始研习经济学。2009 年2月当选深圳市副市长。

○　高志凯　（ 北京 ）　○　Victor Zhikai GAO　（ BEIJING ）

邓小平生前的翻译专员。北京奥运会期间，高志凯的"鱼钩"和"长矛"论引起了媒体的关注，他建议政府不要镇压和平抗议，这些抗议可能是诱使政府落入陷阱的"鱼饵"，他同时强调要严惩恐怖分子。

○　唐杰，孙晓曦摄影。

○　高志凯，孙晓曦摄影。

库哈斯 　　　　　　　我首先想问高志凯先生一个问题，我一直对翻译这个行业非常感兴趣，我也对翻译应该具备哪些特质感兴趣。作为翻译来说，他不仅要理解所有的人、所有的事，同时还要做到能把这些东西忘掉。我想先问问您，在您看来，是不是有特殊才能的人才能够成为翻译，成为一种语言和另外一种语言之间交流的媒介？

高志凯 　　　　　　　我觉得对于翻译来说需要更多的培训，会双语并不意味着就可以做翻译。我认为一名好的翻译不是翻过就忘的。就我自己的体验来看，我很荣幸我翻译过的东西都成为我自己职业生涯中非常珍贵的财富。在翻译当中非常重要的一些东西可能是你永生难忘的，实际上我正在写一本书叫做《我给邓小平做翻译》，说的就是这些记忆。

库哈斯 　　　　　　　跟毛泽东的私人医生写的书是一样的性质吗？

高志凯 　　　　　　　我觉得完全不是的，那本书虚构的成分比较多，我这本书比较真实，我不仅真的认识邓小平本人，也为他工作过。今天我们在深圳举办这样的会议是非常有意义的，在中国所有的城市中，深圳是邓小平先生经济改革的直接结果，我相信在座的各位观众也会对于邓小平这一项功绩表示很大的尊敬。

库哈斯 　　　　　　　我非常同意您的说法，作为一名翻译，您不仅帮助不同的人，更帮助不同国家之间进行交流。我想进一步了解您的"鱼钩理论"，想听您讲一讲您对中国有什么样的意见，或者对美国有什么样的意见？

高志凯 　　　　　　　我不知道在座的各位有多少人听过"鱼钩与长矛"的

故事。我给大家讲一个小故事。几天前在北京参加一个圣诞派对，是我的一位英国朋友组织的，有一个政策顾问曾为托尼·布莱尔 (Tony Blair) 工作过，他提到一个问题是伦敦要举办下一届奥运会，他想知道为什么北京奥运会这么大的活动，竟然没有什么抗议和游行的事发生。他显然不太知道"鱼钩与长矛"的理论。CCTV 在做一个关于"鱼钩理论"的纪录片，中国的法制和警察部门也真正接受了我在这方面的提议。不同的国家有不同的价值观，有一些事情在一个国家是合法的，但在另外一个国家就变成非法。在美国人们可以拥有枪支，但在中国人们就不可以。我觉得"鱼钩理论"最重要的一点是它让中国外交部的人认识到，处理重大事件的两种不同方式。"鱼钩事件"，是指看起来像陷阱一样的事件，它包括一些公开的反对言论或行为，其中有些是鱼钩型的圈套，是精心策划以制造国际舆论的；而"长矛事件"是另外一种类型的事件，包括恐怖袭击、爆炸、劫机等。中国的法制或警察部门有可能犯的错误是，用对付"长矛"的手段来对付"鱼钩"，或者错把"鱼钩"当作"长矛"。

————————————

库哈斯　　　　　　　　您有过很多关于中美关系的出版和写作，您觉得奥巴马应该对中国说什么？

————————————

高志凯　　　　　　　　我觉得中美关系在这十年当中是最重要的双边关系，中国和美国是世界上最大的两个经济体，其实欧盟比美国要大，欧盟是27个国家组成的，当然是最大的一个经济体，但是我们作为中国人，我们还是把国家当作最重要的，这样更有意义，这是国家与国家之间的比较，而不是几个国家的联盟。说到这点欧盟当然很重要，但从中国的角度我们还是很佩服美国，很尊敬美国，很喜欢美国的很多东西。比如说我在美国受的教育，我是耶鲁毕业的。在个人的基础之上，其实中国和美国应该是很好的朋友。

关于奥巴马的问题，之前的采访当中我也提到，美国不需要和中国闹事，美国人很喜欢讨论人权问题，每天都在讨论，但它不应该从很单一的角度批判别的国家，而不想到自己国家本身人权上的问题。奥巴马作为美国的国家领导，我们可以与他展开平等的人权对话。比如有一天早上谈论中国人权，下午谈论美国人权，我觉得平等、对称的概念还是很重要的，并且是可以达到的。关键是要做到互相尊重，真正做到平等对话，并最终做到互相鼓励。如果中美一直针锋相对，很多紧要的问题将更难解决。

————————————

奥布里斯特　　　关于革命的问题，我看过您的文章《革命的终极》，是在 CNN 网站发表的，您写到中国不能接受再一次革命，中国革命的结束有利于整个世界和所有人民。请谈一谈这个关于"革命的终极"或"后革命状态"的问题。

————————————

高志凯　　　　对，这是我写的一篇社评，2009年6月4日在 CNN 网站发表的。我觉得稳定是中国现在最重要的一个东西，中国经济现在必须"保八"，而且在整个未来十年当中都得"保八"，我们每年得产生1000万新的工作职位，GDP 的1点大概是100万个工作职位。没有政治上和社会的稳定，其他问题便无从谈起，建筑师、设计师也想要社会的稳定。中国不能接受再一次革命。我们国家有13亿人口，我们得解决这么大的问题，必须以和平、和谐的方式解决我们的矛盾。所以我相信"革命的终极"。别忘了中国经历了很多次革命，内战、外战、自然灾害，我们想如何以和平的方式使经济发展更进一步，这些问题我们要用和平的方式处理。

————————————

库哈斯　　　　唐市长，这一年当中我们一直都有沟通，有时候是比较严肃的话题，有时候是比较好玩的话题。有意思的是从您的简历中，我们知道您做过工人，在这么一个超级现代的城市里您已经当上了副市长，

————————————

可能这个问题听起来有点怪，我和中国的政府打交道，希望有更多的来自工人阶级背景的人升任政府的职务，从较高层次对城市进行规划，我想请问您的工人阶级背景对您的工作有什么影响？

————————————

唐　杰　　　　　　像我这样的经历在中国并不少见，这是很常见的。因为45年前中国有一场文化大革命，在那一场持续十年的运动当中，当时的年轻人或者到农村当农民，或者到工厂当工人，我因为这个在工厂工作了十年。我觉得在我这个岁数的政府官员应该80%以上都与我有一样的经历，或者在工厂，或者在农村，或者在部队，他们都有这样共同的经历。

这段经历对我在深圳当副市长有什么影响？这是一个非常有意思的问题。我15岁进工厂，包括我当年在工厂一起当学徒、一起工作的那一代人，在深圳这样一个超级城市的形成过程中是付出了努力的。第二，任何一个城市都有一个普通市民的概念，任何一个城市、任何一个国家都有精英，但更多的是普通的老百姓。我觉得对我影响更大的是对这个社会阶层的理解，对这些民众的理解，但这不是我个人的特例，我们这一代人都这样。我想高先生和我的岁数差不多，他应该有这样的理解。如果是下一代，他们理解普通民众的感情可能会有一个难度。

————————————

库哈斯　　　　　　您觉得这一代跟下一代主要有什么区别？您这一代能给下一代贡献什么，是你们特殊的经历或者是多层次的感受？

————————————

唐　杰　　　　　　讲一个故事可能会有助于说明这个问题。我1997年第一次去韩国，那时候感觉到深圳的发展水平与汉城有很大的差距。后来大宇公司研究所的工作人员跟我们说，汉城无非是比中国提早开放20年，我们小的时候穿的衣服就是"带条"的。当时我不明白"带条"是什么意思？我问他，他说我们那时候的衣服都是美国面粉的袋子染色后，家长用它来为我们缝衣服。我们的下一代人没有经过贫穷，没有经历过为摆脱贫穷而奋斗的过程，他们可能不知道今天富裕生活的意义，可能很难理解为了更好的生活需要奋斗。这对80后、90后来说并不公平，每一代人有自己的使命，他们对自己的时代有自己的理解，当家长的会提醒下一代，但下一代认为这是多余的。我们经过那样的时代，对我们来说是增加了一种精神的压力。

————————————

奥布里斯特　　　　　我再提一些关于深圳的问题。从1990年代末起，上海开始取代深圳成为中国的经济中心，我想问一下深圳今天的历史使命是什么？张永和刚才提到第一届深圳双年展的主题开了很好的"门"，您如何看待深圳作为全国的经济试验室的地位？今天中国还能够向深圳学习什么？

————————————

库哈斯　　　　　我想补充一句，给你们两位同时提出一个问题是关于深圳和香港的关系的，这个关系在深圳的未来会扮演什么样的角色？

————————————

唐　杰　　　　　这是很大的问题，也足够做几个博士论文的题目。

————————————

库哈斯　　　　　市长不用自己写这个论文，可以让他们来做。

————————————

唐　杰　　　　　咱们先做一个假设，只有在特定前提条件存在时，深圳和上海之间才会是联合游戏。假如在未来两个城市各自的发展有很多很多的机会，上海和深圳之间就不是联合游戏。我觉得在这样的观念当中，我们做一个比较，纽约和洛杉矶不是联合游戏，纽约和伦敦不是联合游戏，巴黎和柏林也不是联合游戏，在大的城市发展中，每个城市都有每个城市的机会。

库哈斯　　　　　　　　在更宏观的层级上，中国13亿人口要比整个经济发展合作组织的所有国家，比如说欧盟、美国、加拿大、澳大利亚、新西兰、日本加起来的人口还要多，中国经济正在发展，我觉得中国也可以接受比较多元的城市状况，不一定是唯一的一种。所以深圳和上海比起来，它也是中国证券交易的重要阵地，我觉得它还是有很重要的位置，另外它也可以作为新科技发展的一个试验场。香港和深圳之间的关系必须是一个合作的关系，必须强强联合，它们怎么才能形成联合？

唐　杰　　　　　　　目前中国可以这样来划分，从沿海到内地，再到边远的西部，可以划分为东部、中部、西部三个部分；如果在沿海地区，你可以从北部到中部，再到南部这样来划分。中国到目前为止在沿海有三大中心地带，北京、天津及环渤海地带，以上海为中心的长江流域，广州、深圳、香港所在的华南地区，这三个地区在GDP格局上差不多，我相信未来30年之后占中国的比重，三个地区也会差不多，大家会共享发展的成果，这是第一。

第二，深圳的未来是什么？实际上我刚到深圳时就听了关于深圳的故事，库哈斯先生应该没听过。深圳有一个"五个一"的故事，这是当年深圳海关的关长告诉我的，就是一条街道，一个红绿灯，红绿灯下站着一个警察，城市有一个公园，公园里有一只猴子，而且是深圳海关送的。这是30年前的深圳。今天的深圳大概是什么概念？今天的深圳有1300亿美元的GDP，说起来很枯燥，如果按照经济总量比，跟柏林、罗马、悉尼、安特卫普在一个等级上。30年从无到有，深圳未来还有很大的空间。这个空间谁也没有想到，中国经历了30年的高速增长，高速增长还会持续20年。这30年中深圳从零开始到1300亿美元，未来20年到5000亿美元，还有一个很大的空间。深圳的未来不仅仅是做钢筋混凝土，不仅仅是GDP，还需要更多的文化、艺术，实际上这就是我们举办双年展的初衷。

最后一个问题是深圳和香港，我们这样说可能更准确，没有香港就没有今天深圳的繁荣，因为香港是世界的贸易中心、金融中心和航运中心，有巨大的经济总量，深圳的起步是众多的香港企业跨过罗湖桥内迁到深圳的结果。但我要说第二句话，没有深圳的高速发展就没有香港目前的繁荣。假如我说这样一个比例，您可能会理解得更清楚。三十年前深圳起步的时候，经济总量大概是香港的3‰，今年会超过香港的56‰，十年之后深圳和香港会持平，十年之后深圳和香港的经济总量会超过伦敦，接近纽约都会区，所以深圳和香港是一个共生的城市。

奥布里斯特　　　　　　　最后一个问题，我们觉得这一届的双年展非常棒，有创新，我想问几个关于双年展的问题。您对这一届的双年展满不满意？您如何看待双年展的长期计划和可持续发展？长期来看，双年展如何变成一个永久性的活动或者项目，比方说把作品收到档案库或博物馆里面，做成建筑博物馆或艺术博物馆？

唐　杰　　　　　　　　　这是很有挑战性的问题，首先我应该说对双年展满意不满意不应该由我说，应该由在座的观众说，由公众来评论，还要问莅临的嘉宾满不满意。我想听听奥布里斯特先生的评价，您满意不满意？假如您给双年展打分，您会打一个什么样的分数？

第二，关于未来，其实深圳举办了三届双年展，就我个人感觉和我听到的评价而言，确实达到了30年的年轻城市很难企及的水平，能不能做下去取决于两个方面，一是取决于市民的参与，二是取决于更多嘉宾的参与。当这样一个城市有更多的吸引力，有更多的艺术家来到深圳的时候，它一定会办下去，会越办越好。

关于第三个问题，怎样保存双年展的参展作品，我们正在研究之中。大量的展品都要留下来，它们是一个创造，不能创造一次就毁灭，我们要把这些东西不断地保留下来，希望能够形成档案和收藏，能够让人回顾。

《 公共拖车 》

（奥地利）

Feld 72 建筑小组

2009深圳香港城市 ＼ 建筑双城双年展参展作品

摄影_白小刺

○ 陈侗　CHEN Tong　✚ 冯原　FENG Yuan
（广州）（ GUANGZHOU ）　　（ 广州 ）（ GUANGZHOU ）

○　陈侗　（广州）　○　CHEN Tong　（ GUANGZHOU ）

华南最重要的独立艺术机构和出版社 —— 博尔赫斯书店的创始人，曾将不少午夜出版社的作品引进到中国，并从1980年代起积极广泛参与社会活动，包括连环漫画、当代文学评论及出版、当代艺术评论和策划、写作、素描、录像等。

○　冯原　（广州）　○　FENG Yuan（ GUANGZHOU ）

现工作和定居于广州，中山大学传播与设计学院副教授，研究领域包括文化批评、建筑师、都市主义、当代艺术、概念艺术形式、园林设计。他还是《城市中国》杂志的首席主笔。

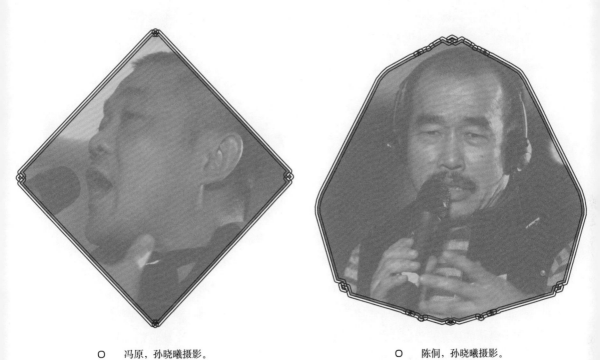

O　冯原，孙晓曦摄影。

O　陈侗，孙晓曦摄影。

库哈斯　　　　　　　你们两位已经步入不惑之年，我感觉在中国，社会变化的强度使得时间间隔很短的不同世代之间产生了很大的差异，就你们来说是不是有不同的想法？前面两位嘉宾提到了比较平滑、顺畅的感觉，你们是不是也对中国目前的现状，对它的外交政策感到乐观？还是你们认为现在中国的现实生活有更多矛盾的地方，或者让你们有更多不舒服的地方？你们和前面一代人的看法有什么区别？

冯　原　　　　　　库哈斯先生问到了代际区别的问题，这涉及我们对未来做出评价和预测。简单来说中国的所有问题都可以归纳到最当下的讨论中，比如以深圳为例子谈论过去三四十年的历史，我们可以把它纳入到一个最简单的结构中分析，那么，中国的代际问题就可以比喻为"松绑效应"，即一个人被捆绑以后松开绳索后产生的爆发性效应。我们这几代人，在这一过程中，每一代人进入到这个社会的时间段不同，而中国的历史进程在这一时间段中发生了相当剧烈的变动，用通俗的话来说，50后、60后、70后、80后，他们之间的区别，可能远远超过了西方社会中的代际区别。不过，关于这个话题我本来是想最后才说的，但是库哈斯先生一开始就把它提出来了，所以不得不现在就回答它。中国的代际问题，如果让我简单来概括的话，我想这样说吧，我们的父辈，他们曾经有过一个比较糟糕的中年，但是他们会有一个比较好的晚年；而我们这些如库哈斯先生所说的过了不惑之年的人，即40岁上下这一辈人，已经拥有了一个相当丰富的中年阶段，因为我们的中青年时光是在中国的"松绑效应"中成长的，然而，我们这一辈人却很可能有一个非常糟糕的晚年；而我们的下一代，他们现在就拥有一个很好的童年，但是，他们却面临一个很不好预测的中年，因为他们即将面临一个难以确定、压力很大的未来。刚才我说的这三代人的遭遇，可以代表我对代际区别的看法。

库哈斯　　　　　您为什么认为你们的老年会比较复杂或者难以确定，
会比较糟糕?

冯　原　　　　　我的悲观预测，正是因为库哈斯先生在今天开场时
提到的问题，即危机的问题。中国人不愿意去谈论危机，可能是出于某种
文化习惯。但我却不愿去回避危机意识。因为，发展的趋势或进程从来不
会是一帆风顺的，今天中国非常迅猛发展的局面，反过来告诉我们危机的
可能性，危机就潜藏在未来的某一个点或阶段上。而且，这种可能性一旦
出现的话，就会落到我们身上，或者说，不管危机在何时出现，它大概会
与我们的晚年相重合，这就是为什么我对前景的预计有些悲观的原因了。

陈　侗　　　　　我同意冯原讲的，但我没有想晚年是不是不幸福的
问题，我基本上过一天算一天，我不想那么远，想远了我觉得很可怕。中
国最大的危机是文化上的危机，经济上就像一个家庭一样，搬迁、不断地
改造，会带来活力，但文化上，今天看来传统的东西既没有继承下来，而
且传统本身还存在着一些毛病。今天的文化从审视的角度来看问题很大，
如果仅仅是消费倒也没有什么，但如果没有审视，我最担心的就是这个，
我们的工作主要是建立在减少这样的担忧上。从外交上来讲，我经常看一
些国外对中国的反映，有人说中国像一个吃了激素的青少年。我觉得有一
点像，全世界都对中国在国外的扩张感到很恐慌，我自己也觉得要谦虚一
点才对，我是反对扩张的，不管哪个国家扩张都不好，要扩张就在自己内
部思想上扩张，不要在行动上有太多的扩张。我同意国外的批评，我本身
不愿意扩张和竞争，我从小都不喜欢竞争，我的一生当中都是不竞争而获
胜的，但如果有人跟我打架我一定会输。

奥布里斯特　　　　　一方面您是博尔赫斯书店的店主，做了很多很好的

出版项目，特别是对法国新小说的介绍，包括组织翻译和出版法国新小说的代表人物例如图森这样的作家的作品，影响了中国知识分子的阅读习惯；另一方面您对传统的中国连环画形式感兴趣，也从事艺术创作，您曾经说过您在政治上是左翼分子，在艺术上是右翼分子，这两者之间的活动有很大的差别，您能不能解释一下左翼和右翼的区别？

————————

陈　侗　　　　　　回答这个问题要回到我出生的年代，那是"文革"前，当我稍稍懂事的时候就是文化大革命，那时候我们在思想上"左""右"的斗争非常多，我的学生时期都在讨论"左""右"的问题。把新小说和连环画对照起来，我觉得这是姜珺的功劳，我很少这么对照。以前我的同事问过我，新小说对绘画有什么用？我当时没有办法回答。对我来说，这两方面的接触和我的性格关联比较大，我只是从叙述方面把它们联系在一起，无论是新小说和连环画都没有太多的变化。另外，罗伯-格里耶和贺友直都是1922年出生，他们都是我的老师，我觉得唯一的联系就是这个。而且他们都关注自传的叙述，这也是他们的共同点。

说到"左"和"右"，文化大革命的时候激进的一方是"左"，另外一方是"右"。我反对剥削，反对秩序、体制，我用很多实际的行动体贴弱势群体，我更多地关心一个人的自身，弱势群体自身的存在。罗伯-格里耶说，如果一个工人读巴尔扎克的小说，他忘了工厂里面存在压迫，而读另一个不怎么读得下去的小说，他还会记得工厂里面有压迫，这也是间接地为政治服务。还有一句戈达尔电影里的对白，说中国人不能吃得太饱，吃得太饱他们就不革命了，不知道这句话在今天来看是什么含义，我总觉得我们要保持革命的状态，主要在思想上和文化上，这个时候我们就会对政治、对艺术有一种基本的态度。比如说在艺术上我反对作品批判现实、歌颂现实，我反对这一种，但我希望艺术家们关心现实，我作为艺术家不能不关心现实。我要求艺术家无论如何关注现实，但作品不能是现实主义的，这也是我对自己的要求。

———————

库哈斯　　　　　　　说到现实主义，冯原写过一篇文章《闪闪发光的社会主义想象》，这是有讽刺意味的还是很真诚的题目？你们两位之间似乎有一个很大的区别，就是一个关注私人领域，另一个关注公共领域？

———————

冯　原　　　　　　　那篇文章的中文题目叫《金色的土改》。我想我所采取的写作策略应该是库哈斯先生能够理解的。有些问题需要我们采取某种讽喻的态度才能表达真诚。正如库哈斯先生有一本很出名的书叫《大跃进》，"大跃进"这个词在中国的语境中有着特别的含义，把这个特指1950年代政治事件的词从历史中拉出来放到新世纪的时代条件下就产生了双关的语境，同样的道理，"土改"也是一个有着特定语境的词，中国发生过的一次红色土改，那是1950年代，而"金色的土改"所指涉的是1990年代以来的现在。但当下的现实却关联着过去，所以，我们用"金色"来取代"红色"是为了在新的社会变动中唤起我们对历史的认知。

刚才您谈到私人领域和公共领域的问题，我想陈侗不是不关心公共领域问题，我们其实是以不同的方式切入到公共问题上面去。对我来说我自己更关心的是社会表象背后的结构因素，表象背后存在着一种权力的支配性结构，以这样的观察方式来看，我们将对中国的当代历史应该会有更多的发现。其实，结构性的观察方式也得益于最近20年以来西方理论在中国的传播，因为在传统的中国文化中缺乏这一类的理论工具，也就是说，我们之所以能够用新的观察方式来重新审视中国现象和解析中国问题，本质上还是受到了西方的影响和推动。在这方面，库哈斯先生的某种观察方法的传播就对我们有很大的帮助，尤其是您的《大跃进》，您是第一个以这种方式关注到珠江三角洲问题的人，有时候我们身在局中却观察不到具体的自我问题，但是，您作为一个外来观察者，却让我们看到了自身并不自知的问题，这很有趣，也富有启发性。但是，也许仍然是文化的作用，我们观察和分析问题的视野和角度跟您不一样，不过正因为这个不一样，内部的看法和外来的观察形成了对照，简单来说，您的视野是一种由外向内的观察，而我们的视野则是一种由内向外的想象，如果把两种看法加以对照，其中的意义应该是最具有启发性的。

库哈斯　　　　　　　您认为在香港和深圳之间日益增加的联系是一件好事，会产生积极的建设性意义吗？

冯　原　　　　　　　我们讨论深圳和香港的问题，应该有一个共同的背景。就像我刚才所说的，深圳和香港问题应该放在一个宏观的政治结构的背景下来观察，政治制度的差异构成了这个大的背景，如果要用颜色来比喻制度差异的话，就可以是，假如没有一个红色的中国，就没有一个白色的香港，红色与白色的对抗形成了两者间差异的第一条件，这是深圳特区得以出现的第一条件。第二个条件就反过来了，如果没有一个白色香港就没有一个红色深圳，或者说，因为有了一个白色香港，所以一定要出现一个红色深圳。深圳，在颜色的意义上与香港形成很有趣的对称，一方面，深圳特区的出现是我们这个国家"松绑效应"的必然后果之一，它的发展如同这个国家臂膀上隆起的肱二头肌，一块非常发达有力的肌肉；另一方面，我们还是要看清楚深圳和香港之间依然隔着一条制度界限，虽然这条界限如今也越来越模糊了，我认为这是一个本质问题。所以，尽管深圳和香港相距很近，但是我们仍然要把它们分开来看，城市之间既有地理空间的远近关系，更有着制度上的亲疏关系。比如说上海的浦东建设，等于在黄浦江对岸再造了一个新上海，但是，如果把浦东拉到离上海120公里之

外的地方，浦东就不再是旧上海的一部分，而是一个新城市了。在某种意义上，老广州与新深圳的关系可能就是如此。在珠江三角洲，中央政府没有选择在旧广州旁边再造一个广州"浦东"，而是在香港边界线上创造一个深圳特区，两者间的关系就显得有一些微妙。要理解这两个城市的关系，必须要抓住制度这个要害。我的问题是，为什么选择在香港的旁边造一个深圳？深圳特区为何不会出现在别的地方？就是因为松绑之后的中国要建立一个被称为特区的制度试验田，特区之特殊，就在于它所承担的制度和经济改革的试验，从这个角度来说，虽然改革的总设计师邓小平曾经说，不要纠缠姓社还是姓资的问题，但是事实上，深圳就是一个社会主义版的香港。唯有如此，我们才能理解深圳特区和香港之间本质上的差异。

———————

奥布里斯特　　　　　我想问陈侗一个问题，我想听听你对于广州的艺术创作和深圳、上海、北京、香港等地的艺术创作之间的不同。因为您长期居住在广州，您的博尔赫斯书店和出版项目都是在广州做的，您对广州这个地方和其他几个城市在艺术创作之间的区别是怎么看的？

———————

陈　侗　　　　　我们先说香港，冯原已经提到这个问题，就像上面姚嘉珊谈到"文化沙漠"的问题，广州也属于文化沙漠区域。文化沙漠是什么情况？为什么存在这样的情况？这和制度有关系，英国的殖民制度让香港的文化真正成为一个中西文化结合的产物，实际上大家对这个产物是不满意的。我们今天所使用的"文化"这个词，在每个人的内心里，比如说在作家心里主要讲的是书写、叙述，在画家心里面则变成一个画面，但香港正好文学和绘画都比较缺乏，在香港，写菜谱的作家也是作家，但大陆写菜谱的不是作家，只有创作虚构故事的才是作家。香港政府很少拿钱主动支持一个艺术项目，只是分派给每一个申请经费的人，我们在广州和上海没有名义向政府要钱，只能通过特殊的关系网。我们没有正常的渠道，也就是没有公共的、民主的渠道。香港政府摊派式的钱最后没有打造出一个我们在涵盖更广的文化观念下可以理解的、以叙述和形象绘画为主体的文化。虽然香港有电影、建筑，但大家认为这是商业而不是文化，要把文化重新定义重新解释才能理解它。其实香港的国际电影节比上海的国际电影节做得更好，因为历史更悠久，但很少向大陆传播，所以我们只能忽略它。要说香港没有文化只能说它叙述性的文化比较弱。

上海、广州、北京今天来看差别比较大。广州曾经是相当强大的，很可惜广州过去的强大和意识形态有密切的联系，文化大革命时期广州的艺术与上海并驾齐驱，那时候北京没什么文化，主要靠上海、广州，那时广州军区在全国非常有影响，但那是很意识形态化的事情。离开这个时期以后，广州的艺术直接转为商业化，但这个商业化不是以当代艺术为指标的，就是以商业本身为指标，以交易本身为指标。就像大家在现场大屏幕上看到的我画的文人画，画一些人在喝酒啊什么的，这是非常不好理解的，你一边从事当代艺术一边却画出一个范曾一样的画来，这就是因为有民间市场的存在。当然现在广州有一些艺术家陆陆续续往北京跑，在北京定居，这已经足以证明广州今天已经失去了它在当代艺术里面的重要地位，但是我觉得恐怕又过一些时候，不少人还是会回头，因为广州从历史上讲有一些东西是很扎实的，特别是思想上有一些东西很扎实，需要等待一个时机，可能不是现在，可能是十年以后。

奥布里斯特　　　　最后一个问题，还是简短地谈一下你们对未来的看法。你们两位好像都比前面的嘉宾更加悲观，那你们对未来的悲观具体是怎样的呢？

冯　原　　　　我和陈侗在表述的话语上有相同之处，那就是我们都有一种划分左派和右派的习惯或想法。什么是左派和右派呢？简单来说吧，我把右派定义为资产阶级的看法，把左派定义为无产阶级的看法，与温和的右派相比，左派相对来说更具有抵抗性，对危机的敏锐度也更高。当然，我既不赞成极端的右派也不赞成极端的左派，我的态度是，中间偏左一些，这是一个批评而不激进的立场位置。

———————

陈　侗　　　　　　我在艺术上的右派是艺术上的保证，我受小说的影响，不用歌颂现实，但我的艺术建立在现实的基础之上。政治上的左，是因为我出身于一般的家庭，我的父亲在文化大革命的时候属于造反派，从他那里我继承到叛逆的东西，但我的叛逆不是要打砸抢，而是要挑起一些不大不小的是非，但我不希望伤到人。我会发展出我对左和右的认识，比如说我会觉得艺术上要保持一种右的态度，在政治上，我认为一个企业家毕生应该做的事不是打造生活的乐园，也不是积累财富，而是探讨《资本论》里面的概念，解决里面的命题。相应的，艺术家毕生的追求就是回答艺术是什么。

———————

《雪牛站》

———————

（美国）

艺术家 Rigo 23

———————

2009深圳香港城市 建筑双城双年展参展作品

摄影 _ 孙晓曦

○ 刘 小 东 LIU Xiaodong ✚ 朱 文 ZHU Wen
（北京）（BEIJING）　　　　　　　　　（北京）（BEIJING）

○ 刘小东 （北京） ○ LIU Xiaodong （BEIJING）

1963年生于辽宁，1988年毕业于中央美院。1990年首次个展掀起了"新生代"艺术的序幕。他也是中国独立电影的早期参与者。2004 年以来其大型野外写生项目涉及多个国家与地区，直面现实，表明了一个艺术家的立场、态度和行动力，开拓了架上绘画的新的内涵。作为中国最成功的艺术家之一，刘小东的代表性作品《田园牧歌》、《烧耗子》、《新十八罗汉》、《三峡系列》、《青藏铁路》、《易马图》等已经成为中国当代美术史的经典和艺术市场的神话。

○ 朱文 （北京） ○ ZHU Wen （BEIJING）

中国最有影响力的作家、诗人和电影导演之一，其导演的首部电影《海鲜》获得2001年威尼斯影展评审团大奖，第二部电影《云的南方》获得2004年柏林电影节"亚洲电影促进网络"奖以及28届香港国际电影节"火鸟大奖新秀竞赛"金奖。朱文出版的书包括《我爱美元》、《弟弟的演奏》、《人民到底需不需要桑拿》等。最新电影作品是《小东西》。

○　朱文，孙晓曦摄影。

○　刘小东，孙晓曦摄影。

库哈斯 第一个问题我想问刘小东关于身体的问题。您的绘画作品中有一些写实的身体，都很瘦，您也画了很多胖子，我觉得胖和瘦在您的作品中有不同的含义，这两种身体的类型在意味上有什么区别吗？我感觉您对瘦的身体比较敏感一些。

刘小东 对我来说，画胖子特别过瘾，特别开心，画瘦子的人比较内向一点，我的绘画往两极走，有时候要开心，有时候要封闭，画完几个胖子我就喜欢画几个瘦子，老是这么反复的。

库哈斯 但感觉还有更深刻的意义，我觉得胖子其实是表现了中国很特殊的现象吧，可以这么说吗？

刘小东 我对基因食品、对今天的科技都持怀疑态度，我画的胖子和美国人一样，也许是因为吃了过多的基因食品，也许是因为生活的改变，他们不太像正常的样子，比如常年在电脑前工作什么的。为什么人会越来越麻烦？我们好像在寻求一种更方便的生活，但结果却是越来越麻烦。过去那种简单的生活越来越少了，我们生产更多的东西好像是为了发展什么，但其实是把人最简单的东西破坏掉了。我画胖子有这方面的忧患在里面。

库哈斯 在我看来，在您的画作里离中心走得越来越远，才能找到瘦人，瘦的人不怎么会出现在大都市里面了。

刘小东 我画画是一个选题推着下一个选题走，比如我画马之前画的是青海的戈壁滩，画得非常松弛、粗野，但我下面一张要画很细腻的，具有古代的精神的画。

〇　刘小东在甘肃现场画《易马图》，2008。

○ 刘小东，《三峡新移民》，300x1000cm，布面油画，2004。

○　刘小东，《温床之一》，260x1000cm，布面油画，2005。

○ 刘小东，《温床之二》，260x1000cm，布面油画，2006。

○ 刘小东，《易马图》，200x800cm，布面油画，2008。

奥布里斯特　　　　　我想请您介绍一下您的工作方式，在外面写生的时候遇到什么问题，为什么会选择这种工作方式和这样的题材。有一次您在采访中曾说，"我只画我可以看到的东西"，您能不能解释一下？

刘小东　　　　　　这可能与受教育的环境有关，也就是说我对很多历史事件，对很多历史记载仍然持怀疑的态度，因为中国的社会变化太大，变化太快，每个时代的价值观和生活都有很大的变化，于是我几乎没有时间相信历史，我想我只能睁开眼睛看，就这么看我都觉得自己眼花缭乱。我觉得中国生活的变化远远超出艺术家的想象力，艺术家作为人类来说应该是有想象力的一群人，但艺术家也跟不上现实社会的变化，所以我应该睁开眼睛看现实，尽量少想一些东西，而多看一些东西。

奥布里斯特　　　　　您认为摄影和您的生活是一种什么样的关系？您会不会照着照片画画？如果通过摄影得到绘画得不到的东西，摄影和绘画之间的关系会是怎样的？您和哪些人之间存在着借鉴的关系？

刘小东　　　　　　我的画是先有形象的，有时完全凭脑子记忆是画不出来的，所以我借助我拍摄的照片来组织一个画面。在有条件的情况下，我会把画布搬到景色或人物面前，在没有条件的情况下，我拍照片，回去再组织这个画面。绘画和摄影的关系非常简单，照片对我来说没有色彩，只有眼睛看到的东西才有色彩，为了让色彩丰富我要面对绘画，同时也因为瞬间的东西没有办法马上表达出来，所以我利用照片的细节帮助我表达这种瞬间或者生活中常见的样子。

奥布里斯特　　　　　里希特对您产生过影响吗？

刘小东　　　　　　　　　库尔贝对我的影响很大，还有19世纪的艺术家，我的教育背景是从这个系统下来的，中国的教育以现实主义为基础，从库尔贝到印象派，还有苏联的那一套，以及欧洲的文艺复兴都在一直影响着中国艺术教育。我们所有的艺术家都是在这样的大背景下成长起来的，有些人离开学校以后非常叛逆，完全抛弃教育背景去做很观念的艺术，即那种在全球化时代在国际双年展里很流行的艺术，但这种艺术在学校里还没形成教育体系，包括抽象艺术也没有教育体系，中国艺术体系最完备的就是现实主义教育，绘画一直根植于这个基础。虽然现实主义在中国是最大的阵营，可是由于政治原因它并不是真正的现实主义，它是另一种东西。对我来说，这个资源离我这么近，我为什么要抛弃它？我能不能从这些资源起步，找到一条我想象中的现实主义？这种写实的、有形象的绘画，历史上很多艺术家对我都产生过影响；后来当我长大了，我觉得生活对我的影响更加严重了，所以我把很大的画布挪到生活里去，挪到户外，我要忘记很多艺术的历史，我要直接面对现场发生的事情。在生活里，现场发生的事情更加不可思议，更加荒诞，而且更加具有创造性。我觉得今天的艺术家应该利用各种资源去形成他的艺术，而不是仅仅依赖于美术历史教科书和有影响力的艺术家的影响，这种思想理念让我经常把画布挪到外面去，到现场去画。

库哈斯　　　　　　　　　我们刚才说到十年之间中国的代际差别就已经很大，你们两个年纪差不多，但我发现你们两位的作品有很多差异。刘小东好像在面对现实的时候觉得变化太快了，但朱文对这种变化感到很舒服、很自在。您是怎么从写小说改到做电影的？

朱　文　　　　　　　　　我觉得就是因为我们的性格不太一样吧，是艺术家性格的差异造成了兴趣的差异。我为什么从写作转成拍电影，我觉得是喜新厌旧，这是人的本性，就像谈恋爱一样，刚刚谈恋爱感情在上升阶段是很愉快的，但后面的婚姻阶段比较乏味，人会转向另外一段感情。

库哈斯　　　　　您形容的这个过程与电影怎样联系起来呢？

朱　文　　　　　我原来和文学在恋爱，现在和电影在恋爱，我是这个意思。我想，过了开始的阶段以后，你会发现它们是共同的东西。

库哈斯　　　　　将来会不会再发展第三段关系？

朱　文　　　　　还没有计划。

奥布里斯特　　　1998年时您发起了"断裂"文学运动，表达对乏味的官方文学系统的沮丧，您想刺激您的同仁们找到新的出路。您有没有试图在别的领域里，比如在电影里也发起这个运动，或者说您对运动还有没有幻想？

朱　文　　　　　我在1998年做"断裂"的时候，最初的想法是它要具有游戏的精髓，不像后来形成的那样。"断裂"行动有一份问卷，前面是一本正经地写了一些问题，最后一个问题是我写的，"你是不是认为一个人穿着一身的绿衣，看起来就像一只青菜虫子？"这是整个问卷中我觉得最有趣的问题，因为我想做一个轻松的东西。但随着这项运动渐渐有了影响，就变得乏味起来，就变成后来大家所说的"断裂"了。在当时的情景里，文学作为一个名词是非常没有意思的，我说不妨把文学作为一个动词，这是"断裂"最简单的想法。现在我在电影里或者其他领域都有可能去做类似有趣的事情。

○　朱文电影《小东西》海报，小马＋橙子设计，2009。

库哈斯　　　　　　　　我只看了您在企鹅出版的英文版小说集《我爱美元》的几页，那篇应该是《小丁的故事》，还有我看过你为这次深圳双年展做的开幕影片，我们可以拿这个来讨论。影片里面有一些非常壮观的深圳景象，还有中国作家和建筑师的肖像，如果从都市的立场来看，建筑师的气势似乎不够强大，它给人的印象好像是好的中国建筑师都在竹林里做小型住宅的项目，他们是在抗拒宏大叙事吗？您能不能谈一谈中国建筑的状况，是不是这些建筑师都抗拒大都市的发展？有没有这种现象？您也可以谈谈情感这个问题，我看到影片中有一丁点的情感因素在，它跟现代性的关系很复杂。

朱　文　　　　　　　我没有特别密切地关注过中国建筑界的情况。这次为双年展做开幕影片，首先是因为这一届双年展的"漫游"项目，也就是文学和建筑互动的项目非常有意思，欧宁第一次跟我谈的时候我就觉得非常有意思，我写了其中的一篇小说。从这里起步，我觉得这个计划特别具有影像的特质，它是一个电影的东西，所以我提议拍成一个十分钟左右的短片。它将是一个特别例外的电影，因为我们一开始就确定了它最后放映的位置是在市民广场，我把市民广场南面的会展中心方向的镜头作为影片重点的场景处理，这是主要的 idea 之一。从影像上来说，以我个人的经验，新建成的建筑拍出来的感染力没有老建筑强，因为建筑放老了才好看，所以我希望在影片中把这次选中的九个已建成的建筑设定在一个未来的时段，用四五十年的时空回头看它们，也就是说把时间放到2049年以后，把九个建筑、九位建筑师和九位作家都处理成老电影的感觉。放映的时候我想用传统的方式，就是默片的方式，影片是没有配乐声轨的，我们使用交响乐团在现场进行伴奏，这是事先就设计好的。我们找到深圳交响乐团，他们没有排练时间，所以我必须选出一个他们不需要排练就可以演奏的曲子，以此来剪辑我的影片。要协调音乐的元

○　朱文电影《小东西》剧照，2009。

○　朱文电影《小东西》剧照，2009。

素、建筑的元素、文学的元素和电影的元素，尽量找到一个平衡点，这其实是非常困难的一个事情。

———————————

奥布里斯特　　　　最后一个问题，我在不同的会议和讨论中一直在谈双年展，谈机构，谈21世纪的美术馆和博物馆系统。现在双年展有很多，但收藏还是很少，特别是对中国当代艺术，大一点的收藏都在国外，前瑞士驻华大使乌里·希克 (Uli Sigg) 的收藏也在国外，我给你们两位一起提一个关于收藏和艺术机构的问题。你们觉得在中国现在有没有产生一种新的艺术机构的可能性，就是它不是西方美术馆或者博物馆的副本，而是全新的东西，你们梦想什么样的艺术机构或者美术馆、博物馆？

———————————

朱　　文　　　　我想小东在收藏方面可能有更专业的看法。其实我对收藏一直不太理解，把东西积在一个地方，人死了那些东西还在那个地方，他为此付出了很多的钱，我不太理解收藏这个行为。

———————————

刘小东　　　　　我不知道该说什么。将来的收藏方式除了美术馆就是个人，还有各种机构，我觉得不会超出目前的几种样式，我不知道还会有什么新兴的收藏方式。对于中国当代艺术的收藏，目前的状况我不是很乐观，无论从国内和国外的行家来讲，投资的成分还是多一点。也难为人家，做当代艺术都是很年轻的，他不折腾你折腾谁啊？我没有任何怨言，大家都很年轻，一起往下走吧，我觉得非常折腾人。美术馆我很喜欢泰特，他们非常了不起，他们做的展览非常好，中国美术馆还需要时间，谁知道将来呢？我今天心情好的时候想将来特美好，今天心情不好就想将来是一片灰暗。我的每一张作品在我心里都是最后一张。我不说那么悲观的，未来会更好，我的未来就是梦！

————————

朱　文　　　　　　　我觉得他说得挺好的，有一首歌叫《明天会更好》。我的小说你们可能看过，里面曾提到，未来是离毁灭更近的时间，我并不期盼未来。

《 红线公园 》

———————

（中国）

开放建筑小组

———————

2009深圳香港城市＼建筑双城双年展参展作品

摄影_白小刺

○ 李 勇　LI Yong　✛ 赵 良 骏　Samson CHIU
（北京）（BEIJING）　　　　　　　　　　　（香港）（HONG KONG）

○ 姜 珺　JIANG Jun　✛
（北京）（BEIJING）

○　李勇　（北京）　○　LI Yong　（BEIJING）

非官方历史学家，知名博客评论员，工作经验丰富，曾做过公务员、记者、作家，专门研究明代的历史和政治分析，已经出版了四本著作。

○　赵良骏　（香港）　○　Samson CHIU　（HONG KONG）

香港知名导演、编剧，其作品以老练独特的方式对香港社会做出大量个人反思。他制作了不少本地电影，比如《老港正传》，该影片描绘了1970年代一个向往内地的香港左派的生活。赵良骏善于讲述香港草根文化和黑社会亚文化的故事。

○　姜珺　（北京）　○　JIANG Jun　（BEIJING）

《城市中国》杂志主编，致力于城市调查和实验性研究，考察设计现象与城市动态间的相互关系。

○　姜珺，孙晓曦摄影。

○　赵良骏，孙晓曦摄影。

○　李勇，孙晓曦摄影。

库哈斯　　　　　　我想问赵良骏一个问题，您在电影里表现了很多历史中的紧张关系，我想知道这种历史的张力从何而来？您对它如何阐释？

赵良骏　　　　　　我一直对时间、对人物感兴趣，作为一名电影导演，其实就是一个观察员，我一直对时间、场所和人物之间的关系怀有很强的好奇心。我最开始做电影的时候，影片比较商业，后来我发现香港也处于快速变化的过程中，我相信很多人都有过这样的体验，就是当你开始失去一个东西的时候你才开始珍惜它，我后来的电影就是想讲述这样一种体验。我其实也不是刻意地去拍历史的题材，我不知道它的张力来自何处，只不过我认为这个有一定的戏剧性，我非常关心这个，所以我觉得值得一拍。我最近的几个影片，想讲的故事都是关于失去的记忆。香港的电影业很发达，但只是某种类型的电影，另一种电影很少有人去做，就是那种很难上院线的，我专门去做这类电影。

奥布里斯特　　　　您能不能多讲一些香港和电影的关系，香港的电影业世界闻名，这是为什么呢？

赵良骏　　　　　　这个问题很有意思，我一直也在问自己这个问题，我会每隔几年就会反复回到这个问题上。我最近一次思考这个问题，是因为大家都在谈论香港电影的衰落，它变成了大中华电影产业的一部分，最后它会消失，最后只有中国电影而没有香港电影。我想这是一个危机。每做一两部影片我都会想，香港电影为什么是香港电影？香港电影不是条件好、技术好，跟中国的大部分电影比，香港电影比较浅，充斥着迷信，很片面化，但它有自己的逻辑。就像一个大家庭里必须要有严肃的人物当爸爸，但如果所有的家庭成员都那么严肃，这个家庭就很无聊，所以你必须有一个小孩，他可以带来一些笑声，可以带来一些错误，这个可能对整个家庭的发展有益。我觉得香港电影会永远存在，虽然中国电影变得越来越重要，但香港电影会有它的位置，它的活力和态度让它变成很独特的现象。

——————

库哈斯　　　　　　如果这么说的话，香港电影会不会一直停留在香港电影的阶段，会不会走不出来？比如，香港电影的概念以后会不会也包括深圳？

——————

赵良骏　　　　　　我自己也不知道。我不能为整个产业说话，我代表自己说话。香港电影在进化中，我不知道以后会上升还是下降，这些都不重要。以香港的武打片来说，这种类型电影的导演根本没有想过香港的独特性，他们对此也没有明确的策略，但他们有自己的生存原则，一些做事情的原则，一些本能，一些活力。这个精神要是能保留得住，那就是说香港电影会永远存在。我不能保证大多数的香港电影制片人或者是导演会继续保留这种思维，如果不能的话它肯定就会缩水，但是我觉得这种人是一直会有的。

——————

库哈斯　　　　　　我们看所有对话嘉宾的简历，发现虽然历史学家占的比例并不大，但与历史有关的人特别多，我想问一下历史对您意味着什么？历史是不是成了中国当下问题的隐喻？你是否认为中国历史存在着永恒的类型，它一直在不停地循环？

——————

李　勇　　　　　　历史对我来说确实是认识这个世界特别重要的资源，这不仅对我个人，对于全体中国人，也可以说对整个中华民族都是这样。在中国，历史有一种类似宗教的地位，我把中国人这种对历史的尊崇称为"准宗教"。西方有基督教，但中国没有全民的宗教，但中国人有信仰，这种信仰就是对历史的敬畏。

——————

库哈斯　　　　　　　一直是这样吗？还是最近才发展出来的现象？

李　勇　　　　　　　一直是，可以说已经有三千年的历史了，一直都是这样。中国人敬畏的是自己死去之后后人的评价，所以中国古代的帝王最害怕的就是历史记录者说他不好，比如说他残暴、荒淫等。历史在中国至今还是一种人人热衷讨论的学问，人们通过它来认识世界的奥妙。中国的历史读物为什么这么火，很多写字楼的白领，很多中产者都通过读历史去认识人与人之间的关系，就像西方读法学一样，因为西方是讲规则的社会，规则很明确，大家研究规则是什么，但中国有很多潜规则，必须在历史中学会。

库哈斯　　　　　　　您能不能跟我们说一下"晚明70年"的时间段与当下现实的关系，就是说您看到了哪一些相似点？

李　勇　　　　　　　我非常关注360年之前的故事，虽然过去了360年，但很多的文化基因是一样的，就是说中国人想问题的方法还是保留到现在。我之所以喜欢历史跟我个人有很大的关系，我今年才38岁，但体验的历史变迁跨度相当于西方的三百年。我在10岁以前我们家里用油灯，没有电灯，燃料需要烧木头，要去砍柴；但是在30岁以后，我的生活状态和美国人没有差别——开汽车，也是用互联网。也就是说，中国的三四十年浓缩了西方三百年的历史，所以今天的中国矛盾很多，同时也有它的魅力，也就是别处看不到的风景在这里能看到。这也是在赵良骏先生的电影《老港正传》里我喜欢的一点，香港的拜金社会里有老左这样的人，这是历史的反差，这就是历史的张力。但是大陆历史的交错处处都存在，从北京往外走，走50公里就会发现一个完全不同的世界。

库哈斯　　　　　　　　我现在正在听着另一代人的声音。您比前面的嘉宾辈分小一点，您用了魅力这个词，您觉得时间发展的浓缩可以产生魅力，我觉得要是看姜珺的杂志，魅力这个词不是最合适，但中国目前的状况的确充满着非常有吸引力的小细节。我在你们的声音里没有听到道德批判的立场，你们没有对这个社会做出批判。可能其他代际的人有批判，我猜测你们这一代人更像人类学家，把中国当成人类学的研究对象而不是供批判的道德群体？

李　勇　　　　　　　　这个问题非常有意思。我个人一方面写历史文化这类书，一方面写时评，就是时事评论。我活在两个世界，中国的很多问题从历史角度可以揭示清楚，进步还是很可观的，就像深圳从小渔村发展到现在；另一方面，我的身份是时事评论员，我在不断地批判这个社会，我觉得它做得还是不够好，比如说贫富差距太大，比如说有些工人的人权和其他权利没有得到足够的保障，比如说有些法律制度不够完善等等，用现实的眼光来看我会批判，但用历史眼光来看我觉得这里面有历史的逻辑。

姜　珺　　　　　　　　我非常同意我们的三十年相当于西方的三百年的说法，我觉得这个张力来自于我们的童年和成年之间的巨大的反差，这种反差使我们能够强烈地感受到历史的张力，以及强烈的历史感。今天冯原提到对未来的悲观判断，当这种反差慢慢趋缓以后，当这种变化慢慢地不再有张力之后，我们的下一步可能就慢慢地失去了对历史的敬畏，所以冯原认为我们的未来更悲观，我们的未来可能失去了历史的维度，我觉得他的悲观可能是来自于这一点。我个人的张力感是因为我在湖北出生，是在一个三线城市的一个工厂里面出生，经历了非常典型的计划经济和厂区大院的生活，我在北京、上海、广州有过长时间的生活经验，在上海时曾想成为一个白领，在北京时曾想成为一个知识分子，在广州想成为一个老百姓，经历过不同的人格，也有不同的思考，尤其是把自己放在不同的地理位置上，思考当地人为什么有这种集体的想法，地理位置对集体的无意识有什么样的联系，从而能够看待中国为什么能够成为这样的一个有如此多差异性，同时又能够大一统的国家，以及她为什么形成了今天这样的一个历史文化的语境。

库哈斯　　　　　把哥本哈根会议联系在一起，我发现了可持续性可以看做是对长寿的一种现代解读，您能不能给我们讲一下你写的这一篇有关文化持续性的文章。

姜　珺　　　　　这个文章翻译过来就是《中国的可持续性：不平行的革命》。朱文导演在开幕影片中引用了一段温总理在国庆60年的讲话，提到要把中国建成富强、民主、文明的国家。富强、民主、文明这三个层次正是与革命不相平行的地方。我们从经济革命开始，然后是行政革命、政治革命，最后是文化和文明的革命。谈到文明的革命，我们有一个非常好的传统，这个传统是我们曾经有四大发明，四大发明可以用来解释我们为什么选择了一个和西方非常不同的可持续发展的方向。四大发明中造纸术和印刷术是"崇文"的发明，可以作为我们的历史和思考的媒介，而火药和指南针则是"尚武"的发明，在中国以儒家为主体的文明进程中，造纸术和印刷术把火药和指南针相对边缘化了，而欧洲却在这两种发明的支持下，持续了上千年的战争和整个海外的拓展和殖民。我们发现两种不同的可持续性，一种是内向的，把对过去的反省，把自己的修为作为一种内省式的空间，西方则是不断地向外的空间扩张，向外的资源消耗，以及向未来透支。今天的能源危机实际上是资源的危机，是工业革命之后不断在我们生活的星球上进行资源消耗的结果，金融危机是不断地透支未来的结果，这个是西方文明对全世界的一种负面影响。而在这样一种影响下，东

方的可持续性，所谓的中国智慧和中国式的可持续性可能会扮演一个什么样的角色，在既保持中国内省式革命同时，又同时将西方的思维嫁接过来，变成一个新型的文明，这个转型过程就是温总理说的富强、民主、文明。

———————

库哈斯　　　　　赵先生，您刚才提到过香港如何受到大陆影响，这个是今天很多人躲避的问题，但是我特别好奇香港的问题，因为您前面的讲话里讲到怎么保留香港精神这一话题，所以我希望可以问您一下，您怎么理解大陆对香港的态度，您觉得这会不会产生一些新的挑战，或者是新的状态？我还想问一下，作为一个香港人，您认为是否存在着珠三角不同城市之间的流动？

———————

赵良骏　　　　　一开始我对大陆和香港的关系感到非常乐观，我一直都是从一个戏剧的观点来看这点，香港回归中国就好像是一部阖家团圆的电影一样，它是一个盛大的欢乐的事件。但让我觉得很失望的一点，或者说让我觉得很难过的一点是，中国已经给了香港相当大的空间，让香港获得一种新的身份，香港和其他城市一样，和一个人一样，有自己的想法，也有自己的命运，香港的命运已经到了一个很有趣的转折点，本来香港的管理可以做得很好，但比较缺乏思想，它一直还处在一个不清楚的、模糊的状态，它无法提出一种领导的声音，每一个人都是在自己的领域里面工作，城市没有一个统帅的力量，各个领域的人都在扮演一种我们不应该扮演的角色。我是一个电影导演，我的工作就是要捕捉戏剧性，但是现在我却要去想怎么样在这个环境下生存下去，我觉得这不应该是电影导演考虑的问题。这个就是香港目前的状况，不过我相信就算没有人去领导她，她自己也会努力地成长。

另外我还想补充一点，中国在我看来可以出现真正意义上的公路电影，对

———————

于香港来说，我们拍过黑帮片、爱情片，但是没有公路片这种类型的电影。

———————————

姜　珺　　　　　　　刚刚几个嘉宾都提到了，尤其是舒可心先生提到了省港大罢工时周恩来的态度，冯原先生也提到正因为有了红色的中国，才有了白色的香港，这样的观点其实已经说明了红色中国对香港的态度，它是把香港当作自己的大一统文明中可以包容的差异性存在的。尽管很多的香港电影和连续剧，都维持着对生活特别琐碎也很有味道的热爱，但我认为香港，尤其是我从赵导演的电影中看到的香港最有价值的一点，或者说香港的爆炸力，是它在特殊的时空片断中所代表的意义。尽管这个时空片断在历史上非常短，尽管香港的地理空间非常小，但是它处于一个非常关键的转折点，赵导演的电影作品把空间和时间上的张力强烈地表达出来了。这个也可以说明为什么在香港，我们既可以看到翡翠台这种非常师奶级的节目，也可以看到凤凰卫视这种针对比较高端华人的电视制作。翡翠更多的是关注香港本土的琐碎生活，凤凰更多的是关注大历史，涵盖两岸三地和全球华语圈的华夏文明。大陆文化在香港的言论环境中可以体现出一些复杂性，在这种有所审查但是又不至于审查过严的情况里面，香港隐藏着巨大的爆炸性。

———————————

奥布里斯特　　　　　我想问的一个问题是，《老港正传》讲了一个香港老左派的故事，香港的左派和大陆的左派有什么区别呢？

———————————

姜　珺　　　　　　　我想引用某位革命导师的话：资本主义社会必然导致无产阶级革命，无产阶级革命必然导致无产阶级专政。香港左派和大陆左派的不同在于大陆无产阶级成功地专政了，因而他们对"左"的定义也不同了。《老港正传》中的老左看到香港左派在1970年代之后慢慢被边缘化，但同时他在大陆看到的力量也已经和他当年的想象大相径庭了。

———————————

李　勇　　　　　　　其实这正是所谓距离产生美感，老左在大陆的时候是人民当家做主，比如说当权派被打倒，这是他看到的美的一面，但他不愿意回到大陆，他在香港虽然是一个底层，但这个底层在大陆来说还是很富裕的，如果他回到当时的大陆，经济短缺的时代，买粮食要凭粮票，他所得到的将不是美感，而是痛苦感。巴黎在1970年代也羡慕中国的红卫兵，都是这么一个原因。

奥布里斯特　　　　　我想问一个问题，香港的黑帮包括黑帮电影和现在香港的文化的联系是怎么样的？

李　勇　　　　　　　黑帮文化有戏剧性，像古代的江湖文化一样，梁山水浒就是吸引少年，这个是肯定的。香港黑帮文化的兴起，是因为当时香港正处于经济向上发展的时期，工业化进程增加，无数的大陆移民和其他地区的移民涌入，这是非常正常的。现在中国大陆也进入了这样一个时代，大量的农民工涌入城市，他们处在边缘，没有资源，也不能受到好的教育，他们不能去当白领，只能去当古惑仔，这是工业化进程必然会出现的情况。我们看深圳、广州确实有这么一个现象，如果大陆去拍黑帮片，如果能够自由地去拍的话，一定会比港产的黑帮片精彩得多。

姜　珺　　　　　　　我想解释一下，为什么中国的宗法体系这么强大，这和它所处的地理环境有关。我们的大陆是一个非常庞大的、有着共享资源的大陆，这个大陆有两条河，中国是全世界唯一一个把这两条世界级河流全部垄断的国家。在这个国家里，只有通过大一统的方式才能够将资源分配最大化，但是因为我们是一个很早就开始了灌溉农耕文明的国家，我们的农耕文化却不能够通过像工业文明那样过度消耗资源的方式来累积成一个非常强大的中央政府。我们在谈中央政府的时候，一直默认它是一种非常集中的权力，实际上古代远比今天有限，因为这种权力到了地方就终止了，地方力量不得不在有限的农耕文明条件下形成自己的自治体系，维持自身在教育、医疗、养老、治安等地方事务上的自治，这就是它自己的宗法体系。宗法体系一直在维持着整个中国的前现代化，但也遏制了中国的现代化，使得通过工业革命导致的工业化、现代化在中国不能完全自发地形成，只能通过外来力量介入的方式，而这种外在的方式则必须要经过巨大阵痛和灾难。

———————————

李　勇　　　　　　有一些事情你过于归结为地理的原因了。现在为什么还有帮会亚文化，还有那么多的湖南帮、湖北帮、邵阳帮，为什么宗法的血缘老乡在这个社会还有市场，一个原因是贫富悬殊，另一个原因是他们缺乏公民社会的保障体系。比如说一个湖南的打工仔来深圳，一开始的时候没有人保护他，他只能靠老乡、靠兄弟，这样很自然就形成一个帮会。如果有一天打工者有劳动部门来保障他，而且这个部门非常有体系的话，这个力量远远大于老乡。

———————————

姜　珺　　　　　　这恰恰说明了的我的观点：当一个发展中的大一统国家没有能力为每一个家庭提供保障的时候，它的地方社会就必须以家族宗族的方式来自我保障，这就是黑帮文化的基础。

———————————

库哈斯　　　　　　最后一个关于未来的问题，能不能简单地回答一下。

———————————

姜　珺　　　　　　我和很多嘉宾的观点是一样的，我也认为有"左右"的问题，但是我想简单地说，这个"左右"不是左派、右派，我就当是开车，开车的时候你要向左还是向右拐，是取决于外在的环境变化的，"左右"的对错在真正的危机系统中是不确定的。"左"和"右"就像"危"和"机"，在中国是一个辩证的概念，可能在某种外在环境中，它作为正面和负面的各种因素能够相互转化，我们既能够通过良好的驾驶转危为机，也可能因为一些错误的决策把机会变成另外一种风险。

李　勇　　　　　　　历史爱好者，一般对未来是悲观的，但是我的悲观中为什么有乐观呢？中国有这个世界上最好的老百姓，最坚韧，最卑贱，哪怕给他一点阳光就灿烂，给他一点水分就泛滥，所以再大的苦难都能挺过来，就像唐德刚先生二十年前说的，历史的三峡会过去的！这是我保持乐观的唯一的理由。

赵良骏　　　　　　　未来是怎么样的，对我来说是一个很大的问题。我对未来有一个想象，但是我现在意识到，好莱坞可以拍一个未来主义色彩的电影，但是对个人来说只能把注意力放在某一个方面。未来对于我来说，就是将注意力全部放在如何抓住今天，如何切实地活过每一天。所以，在工作和生活的时候我都不会考虑太多这方面的问题。

《茧》

────

（中国台湾、芬兰）

"弱！建筑"小组—谢英俊，阮庆岳和Marco Casagrande

────

2009深圳香港城市 ╲ 建筑双城双年展参展作品

摄影＿孙晓曦

○ 谢　英　俊　HSIEH Ying Chun　✚　吴　音　宁　WU Yin-Ning
〜〜〜〜〜〜〜〜〜　（台湾）（TAIWAN）　〜〜〜〜〜〜〜〜〜〜〜　（台湾）（TAIWAN）

○　　谢英俊　（台湾）　○　HSIEH Ying Chun　（TAIWAN）

台湾建筑师，以低调姿态进行各项建筑计划。谢英俊积极提倡"可持续建筑"理念并将这种理念反映在其诸多作品中。他目前是第三建筑工作室主持人，主要在乡村和受灾地区生活以及从事当地建设工作。

○　　吴音宁　（台湾）　○　WU Yin-Ning　（TAIWAN）

作家、诗人和社会行动者。2001年出版了第一本书《蒙面丛林——探访墨西哥查巴达民族解放军》。台湾民运人士杨儒门入狱后吴音宁与其书信往来并于2007年出版了《江湖在哪里？台湾农业观察》，她还将他们之间的书信编辑整理成《白米不是炸弹》(2007) 一书。吴音宁2008年出版了自己的第一部诗集《危崖有花》。

〇　谢英俊，孙晓曦摄影。

〇　吴音宁，孙晓曦摄影。

奥布里斯特　　　　　　　　我的第一个问题是给谢英俊的。您的工作不仅是给人们造房子，还教人们怎么去造房子，正如我们上面曾讨论的一样，鼓励人们去进行自我组织，您对建筑师的角色是怎么看的？作为一名台湾建筑师，您也在中国大陆工作，能不能谈一谈在台湾和在大陆工作的不同？

谢英俊　　　　　　　　　　回答这个问题之前我要说明一下，我的工作与别的建筑师不太一样，因为我们不只是设计者，我们还是营建者，甚至我们还是建筑材料的生产者，所以在这种情况之下，在台湾的工作和大陆的工作有一些不一样的地方，也有一些共通的。我们要强调的是农民自建和他们协力互建的行为，这来自于我们的传统。事实上在中国大陆的农村里，大部分的建筑都是这么做的，但在台湾这方面就可能少了，因为台湾商品化的程度比较高，而且地方比较小。提倡协力自建，我们有一个前提是，中国有大概7亿的农民，农村建筑这个领域，我们现在的建筑教育或者是现代建筑思维是不涉及这个领域的。不只中国，第三世界中60% - 70% 的人住在农村建筑里。以我们在中国的经验，我相信过去不太有人情愿进入这个领域。

我们在大陆农村推动这种方式是比较容易的，但在台湾就比较难。至于说我们遇到哪一些的困难，我想最大的困难还是来自于现在资讯流通非常广泛，效率非常高，即使在大陆的农村，每一个人都可以看到电视，他们有他们的欲望，有他们的梦想，这种东西不是非常理性。就目前来说，如果我们的工作按照一个比较科学的、实事求是的态度去实施时，就会遇到这种困难，包括他们对流行趋势的追逐，他们盲目地追寻那些流行的风格，这是我们面对的最大的困难。因为我们要改变现有的传统的营建体系，就会遭到抵抗，这点在台湾和大陆都是一样的。

○ "弱！建筑"小组—谢英俊，阮庆岳和Marco Casagrande（中国台湾、芬兰），
《茧》，2009深圳香港城市\建筑双城双年展参展作品。摄影：孙晓曦。

奥布里斯特　　　　　　　我读到一篇采访说在台湾，一次地震对您的建筑实践产生了重大的影响，这使您一直致力于灾后重建的工作，包括投入四川地震之后的重建。作为建筑师，您的注意力不仅在于建造这些房子，同时还帮助当地的劳动者进行自我组织，也就是说您同时也在开展一些社会工程和社会组织的工作，我想更多地了解这方面的情况。

谢英俊　　　　　　　那是1999年，台湾地震后，我被邀请到一个少数民族部落里去协助他们的重建，这是要实事求是地去面对的问题，里面有很多关于可持续的课题要我们去面对，比如说环境的问题，民族文化保存的问题，甚至弱势经济的问题，这些课题在我们的灾区少数民族部落里尤其明显。我们现在谈到可持续观点的时候所要面对的最严酷的所有条件都在这里面了。在这一过程中，我们凭我们的专业知识慢慢地积累下来，觉得在这里面我们确实可以开拓出一个新的领域，能够做出一点事情，这是我们投入到这类工作里的一个很重要的原因。

另外，我们在这个课题之下，所碰触的不是我们现在一般的建筑专业所能面对的问题，必须对诸多问题进行综合考量。单一的所谓绿色建筑技术不一定有用，我们在这种状况之下所要面对和克服的问题，其实是综合性的。我们在这个课题里能够做哪些事情呢？我们可以做的事情很有限，比如说你要面对的四川灾区，它有2000万灾民，有350万套的房子要盖，而且要在几年内盖好，这不是我们当下任何现代建筑的技术和方法能够做到的，我们必须尽量依靠当地人民的创造力和努力。让农民、灾民，让他们的创造力唱主角，这时候决定要做什么是关键。在这种状况下，我们强调的是如何让我们现代的建筑技术能够简化，因为他们已经不再用传统的技术在盖房子，我们让现代建筑技术简化，让非专业的人也能够参与进来，我们

○ "弱！建筑"小组—谢英俊，阮庆岳和Marco Casagrande（中国台湾、芬兰），

   《茧》，2009深圳香港城市＼建筑双城双年展参展作品。摄影：孙晓曦。

强调一种开放性，让他们的创造力加入，这样它不仅能反映当地人的需要，也能让他们更自然地接纳我们所倡导的新的营建体系。

————————

库哈斯　　　　　我有一个问题问吴音宁，我读了您的简历，一方面您对台湾本土文化、对它最核心的特质感兴趣，另一方面您又对一个完全不相关的话题，例如墨西哥查巴达民族解放军感兴趣，这两个话题其实没有特别大的联系。您是不是对全世界不同的农村状况有普遍的兴趣？

————————

吴音宁　　　　　我出生在台湾岛屿的小村庄，所以一直到我离开那个村庄，我的世界，就是那个村庄附近。我像大多数住在村子里的人一样，向往外面的世界，去看更广阔的地方，所以我就离开了村子，进入大学念书，然后在台湾社会发展的潮流里面，有一个机会离开台湾到世界各个地方去。在到世界各个地方去的时候，心里有一个挂念，就是你的故乡在心里面。因为有故乡在心里面，所以虽然你到世界各地去，你还是有这个挂念在。

从外面回到了村子之后我就在村子住下了，我发现其实一个小村庄也连接着全球的体系。它和别处是相关的，而且是相连的。我住在村子里面，关注村子里面的农业问题，这些问题与全世界都有关联。并不是特别为了要去关心一个地方的农村。它们之间互相呼应，并不冲突。

————————

库哈斯　　　　　我看到您的作品中表现出来的多样性其实是很少见的。您是一个社会行动者，也是一个作家，从事社会运动的人一般来说是很少去关注艺术方面的问题的。以我最近在台湾的体验来说，我觉得台湾充满了活力和历史戏剧性。我觉得现在台湾的政治文化依然没有达到平衡的、稳定的状态，这是不是您在从事社会运动的时候特别关注的地方？

○ "弱！建筑"小组—谢英俊，阮庆岳和Marco Casagrande（中国台湾、芬兰），

《茧》，2009深圳香港城市＼建筑双城双年展参展作品。摄影：孙晓曦。

吴音宁　　　　　　　我没有把我自己做的各种事情和台湾的现状想在一起。台湾是一个岛屿，地形多种多样，它虽然是一个很小的地方，但是它有高山，有海，有内陆，它的民族也很多元，语言也很多元，加上它的历史发展几经转折，所以它也有很多元的文化。我并没有特别意识到自己做的事和台湾历史的关联性，只是有这样的机会便这样做。

谢英俊　　　　　　　其实不只是日本，几百年内有西班牙、荷兰占领过台湾，所以它是一个历史文化交汇的地方，它处在文化交流的十字路口，它的历史、人文和自然都是非常丰富的。台湾很小，到海边一个小时就到达了，但这里的少数民族有很多，生活习惯都不一样，所以在台湾，什么样的文化现象都有，各种文化生态都有自己的区域。

奥布里斯特　　　　　最近我们在印度做了一项研究，也是发现很多艺术家、建筑师都参加社会运动，成为某一类型的社会行动者。实际上你们对农村、农业地区的关注，你们的社会运动，你们的行动主义和你们的创作实践也是密切相关的。

吴音宁　　　　　　　我要讲的是文化艺术和行动主义其实是没有那么大的对立，我们知道很多革命者和社会行动者本身就是诗人，他们也许年轻时写诗，然后选择将生命中大部分时间投入社会行动。政治和艺术本来是可以结合在一起的，只是你在时间的选择或者在人生方向的选择上面会遇到一些问题。当你是一个纯粹的诗人，你可能会把很多时间放到文字上；如果你是一个社会行动者，你可能要把很多时间放在不是文字的事情上。刚好这些身份在我身上都出现了，它们也会同时出现在其他人身上。

比如杨儒门的事件，他开始成为台湾的炸弹客，是因为报纸报道说有炸弹在台湾。他在台湾引发了很大的声援运动。开始的时候我很好奇，后来我观察了一年的新闻，直到他被抓到监狱之后我才开始和他通信，我到监狱里面找他，让他写信给我。从杨儒门这个事件我进而思考，这个事件绝对不是简单的事件，背后肯定有很大的原因。杨儒门的事件引发我对台湾农业历史的观察和追溯，后来我写成了《江湖在哪里？》这本书。所以社会运动和文化艺术，如果它可能是一个好的结合，我认为会是很好的事情。

————————

谢英俊　　　　　我讲的是我的专业，其实我在建立一个比较开放的平台，让劳动者和参与者能够在这个平台上发挥，包括这次参加本届深圳香港城市＼建筑双城双年展的作品也是一样，这里面也就是我常常提到的互为主体的概念。人们常常强调个人意志，但在我的想象里我比较希望建立一个平台。我们这次的参展作品是非常有机的，是可以在参与互动之中产生的。

————————

库哈斯　　　　　最后一个问题，之前我们也问过很多嘉宾，大陆和香港的关系以及两地文化的联系，我们也想问两位同样的问题，你们觉得台湾和大陆之间日益紧密的联系，在文化上会对两者产生什么样的影响？

————————

谢英俊　　　　　考验各自文化的敏锐度，两边表现都不一样，因为有不同的性格。香港市民和深圳市民、上海市民的差异，他们各自的文化特质能够被消灭掉吗？不会的，因为本来就各自不同。同样是人，同样是台湾人，同样是深圳人，但每个人就是不一样。文化上的差异，应该赋予所有创造者和生活在其中的人。

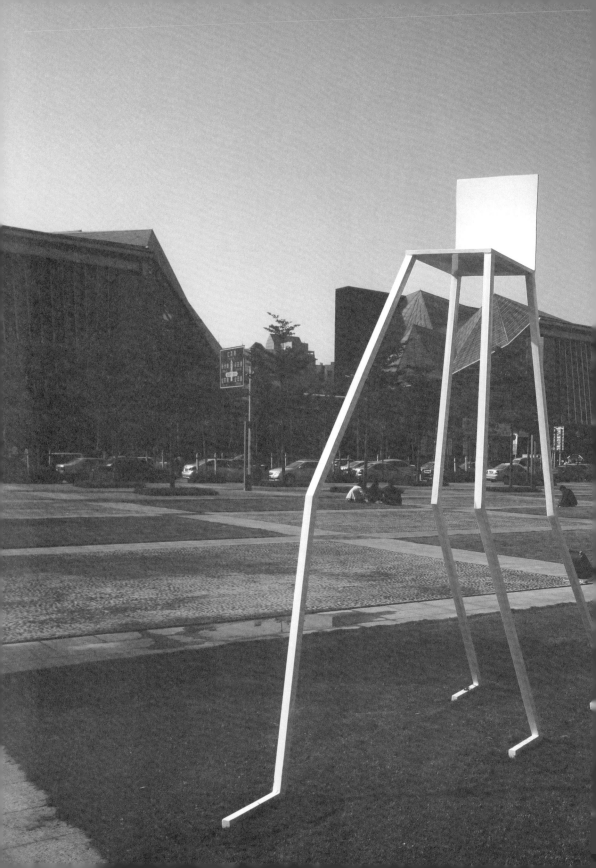

《 行走的椅子 》

（日本）

建筑师藤本壮介

2009深圳香港城市 ＼ 建筑双城双年展参展作品

摄影＿白小刺

○ 张　念　ZHANG Nian ✛ 孟　晖　MENG Hui
〜〜〜〜〜〜〜　（上海）(SHANGHAI) 〜〜〜〜〜〜〜　（北京）(BEIJING)

○　张念　（上海）　○　ZHANG Nian　（SHANGHAI）

张念主要从事女权主义研究以及文化研究，其著作有：《持不同性见者》、《不咬人的女权主义》、《心理气候》等，目前在同济大学文化批评研究所工作。

○　孟晖　（北京）　○　MENG Hui　（BEIJING）

作家，曾任《读书》杂志编辑，代表作品有长篇小说《盂兰变》、随笔集《维纳斯的明镜》、《潘金莲的发型》、《花间十六声》及学术作品《中原女子服饰史稿》等。

〇　孟晖，孙晓曦摄影。

〇　张念，孙晓曦摄影。

奥布里斯特　　　　　　我的第一个问题是问作为文化研究学者的张念，您认为文化研究在中国的发展是怎么样的？

张　念　　　　　　　　文化研究也是一个舶来的词汇，在西方有它的脉络，它主要是来自于德国的批判传统，是西方研究很重要的流派，因为受马克思主义影响，它把阶级斗争也融入到它的脉络里。而在中国，在"五四"以来的中西文化比较研究中我们也要研究文化的背景。在近三十年改革开放和市场化的进程中，中国人在日常生活中开始接触到流行文化和消费文化，在这样的一个背景之下，中国学术界也开始关注文化研究的议题。这个议题在中国的脉络非常有意思，就我个人的观点来看，尤其是当代背景下的文化研究，给大家带来了文化平权的体验。尤其是在流行文化中，每个人都享有一种文化权利，并且享有自我创造的一种权利。文化研究这种在西方带有批判色彩的理论到了中国的语境之后，反而变得具有解放意义，因为这种所谓的消费文化、消费主权和消费意识，带给中国人非常有感觉的文化主张。正如当初的马克思主义，包括女权主义，这些理论到了中国后也长成了另外的东西。

库哈斯　　　　　　　　我想了解一下作为一名女权主义者，您认为女权主义对中国的重要性是什么？女权主义在中国的情况是怎样的？

张　念　　　　　　　　女权主义在几百年前就已经进入中国，它最早是一些传统绅士提出来的，这些乡绅觉得民族落后具体的形象就是女人形象的落后。因为他们拿西方女人做对比，他们觉得西方女人可以和男士出现在不同场合，可以和男人一起逛街，但是东方女人从宋代开始裹脚，一见到外人就慌张，这代表了古代中国非常落后的一面。所以，在对民族进步和现代国家的想象中，这个形象是过时的，他们就是要改变这种过时的形象，把旧式女人改造成现代女性。最早中国女权的引擎是这样来的，女性解放伴随着民族解放，或者说女性解放是民族解放的一个构件，中国的女权主义就是这样开始启动起来。

后来在整个20世纪中，中国女权主义和中国革命进程一直是同步的。中国妇女卷入了20世纪整个的历史进程，包括革命、内战，还包括1949年中华人民共和国成立以后的性别平等运动。中国女权主义运动可以用三个阶段来表述：第一阶段是"五四"启蒙，我称之为"女儿的解放"，就是旧时的女儿走出家庭，要求恋爱权和婚姻权的自主。第二个阶段是1949年以后的阶级解放，也就是阶级平等。1949年以后的国家权利是建立在政治平等上的，它也表现在性别的绝对平等上，包括克服生理意义上的差异。妇女在性别绝对平等过程中，开始厌弃自己的性别特征，认为这种性别特征是一种错误，一定要根除它，她们要和男人一样。第三个阶段就是邓小平之后的后现代主义，妇女解放有了一个人性解决的议题，它是对毛泽东时代消除欲望、消除人性的一种反抗，在当代文化里表现为性权利、性意识的增长。有大量女性作家在她们的作品里，在诗歌、小说、日记或者在网络博客里书写自己的性感受和性意识，书写身体体验，这就是女性所伸张的性权利解放。

———————

库哈斯　　　　　　　我想问孟晖一个问题，您是一名作家，也做学术研究，我想知道您是怎么样分配您的精力的？

———————

孟　晖　　　　　　　很惭愧，我谈不上是在做学术研究，我做的事情大多是因为我小时候的兴趣。我写小说是出于对心理学的兴趣，与此同时我也关注历史，我发现中国历史中大量的史料是没有被注意的。我为什么写小说呢？因为当我了解到一些不为人知的历史细节的时候，我感觉文学可

以更可爱地把它表现出来。后来因各种各样的原因，我开始直接写文章来
表达我的历史兴趣和我注意到的一些历史细节，而不是用虚构的方式。

———————————

库哈斯　　　　　　您做过中国女性传统服饰的研究，在我看来文学和
学术之间是有一些分割线的，但您在这两者之间有联系和结合的地方，我
想请您谈一下这个方面的东西。

———————————

孟　晖　　　　　　我最初是写小说，现在我主要是写一些所谓的随笔，
因为我开始对历史感兴趣。我对中国古代的物质文化，包括它的艺术性等
等各方面感兴趣。您在今天活动开始时就问过，为什么中国人对历史这么
感兴趣？我觉得这并不是因为历史的问题，而是因为现在在各个领域，各
种争论和思维都非常活跃，大家不相信任何定论，于是中国历史整个开始
被大家重新检视，然后产生各种各样的意见。比如说今天您采访的嘉宾中，
他们每个人对中国历史的认识就很不一样。我最初是对中国的古典文学感
兴趣，然后我发现，如果我们不研究当时的物质环境，不研究当时的技术
等层面的东西，我们是无法真正了解中国古典文学的。把它的物质环境弄
清楚，你自然就知道它在讲什么。在这个过程中，我发现我们有可能获得
一种对历史的重新认识，因为有一些发现是非常令人惊讶的。

———————————

奥布里斯特　　　　　能不能举一个例子？

———————————

孟　晖　　　　　　我不知道有没有说明性，比如说我和一些学者一起
研究，发现中国古代的仕女，大概有七八个世纪，从公元四五世纪到公元
12世纪，她们的服饰都是露胸的，甚至有一些是完全裸露的，这是个小小
的例子，但是可以摆脱你的成见。还有大量的例子，比如说大家都知道从
唐代到五代，再到宋代，中国的文化是非常发达的，当时有各种各样的创

新，通过出土文物和文献，我们发现很多创新的绘画出现在床的屏风上，那时候人们的生活和绘画的关系是非常密切的。还有，宋词里面描写的香气其实是阿拉伯香水的香味，也就是今天的玫瑰香水的香味，当时它在阿拉伯世界出现之后，很快就通过贸易传到了中国，也就是说中国人很早就已经开始使用香水。再举一个例子，我小的时候奶奶会种一种花，今天大家都觉得是特别普通的花，但是这种花是明朝的时候从美洲移植来的，这些东西改变了我们对中国的既有的印象。

奥布里斯特　　　　　　您写过不少像《花间十六声》这样的书，这种书的灵感是来自于什么地方，来自于历史、过去，来自于中国，还是外界？

孟　晖　　　　　　我想今天没有一个中国人是封闭的，现在任何一个中国人做事情，都有一个自己的传统，但我们所接受的教育也必然地受到西方的学术研究方法和思维等等的影响。我写的《花间十六声》，根据的是大量中国的史料和出土文物，同时它也是和西方或者说世界互动的一个结果。

奥布里斯特　　　　　　我还想问一个问题是关于《读书》杂志的，《读书》这本杂志在中国的媒体界到底是一个什么样的地位？它的运作模式是什么样的？

孟　晖　　　　　　《读书》杂志是1979年创刊的，正好是中国知识界开始进行所谓的思想解放的时期。接下来的这三十年我觉得整个中国上上下下都是一个思想非常活跃，而且充满紧迫感，对世界和对中国本身都非常关注的状态，大家都要提问题，要讨论。《读书》的几届主编都非常好，所以它总是能够组织一些非常有意义的讨论，它在思想界，甚至在一般的大学生中都有很大影响，它起到了激起争论，激发思想，对中国和世界的现实提出了很多问题的这么一个作用。

库哈斯　　　　　您之前也回应了我们关于历史的提问，您能不能再回应一下我们之前反复提到的关于信心的问题？在你们两位的专业领域里面，中国整体表现出来的信心对你们的个人生活和工作有什么样的影响？它是不是给予你们一定程度的灵感，或者是力量和勇气？

张　念　　　　　您是指大国崛起吗？我觉得一个国家的国民和国家的距离应该是有层级的，也就是说个人、社会和国家，应该有一个中介。正是因为社会力量被刻意地遏制，我们个人抵临国家的路径被阻断了，所以国家的强大和我个人的生活之间，我不认为有什么直接的联系。也可以这样来解释，我个人被卷入这个时代之中，被卷入国家生活之中，我不知道我的主体意识和我个人的意识该如何伸张。当然我还在从事我的学术研究，这是很小很小的一个点，让我体会到我似乎还在国家之中。

孟　晖　　　　　我从另外一个角度来谈一下这个问题。从2008年到2009年中国发生的事情让很多人都很意外，前面的几位嘉宾都谈到这点，就是"想不到"。对于我个人来说，恐怕也要反省自己的认识，包括对这个国家，对世界的认识。今天流行的很多说法，是不是可信？我对此非常谨慎。

库哈斯　　　　　能不能举一个例子？

孟　晖　　　　　我不知道，像媒体上有种说法，三年前是不可能有人说的，也许这个说法就是一个政客的把戏，叫"中美共治"（Chinamerica），我想没有中国人会信它。三年前不会有人想到提出这个概念，这个概念一

出来很多人都很惊讶，哪怕是一个政客的把戏中国人也都很惊讶。我想说的另外一个问题是，和二十年前不一样，二十年前知识分子和民众很一致，他们的诉求很一致，但是今天整个民众，整个中国都在发生分化，各个阶级、各个阶层都在产生自己的形状，产生自己的价值，产生自己的体系，而且每一个阶层都有意无意地希望自己的价值体系能成为这个国家重要的价值体系。这就产生了一个所谓的各个阶级角力的局面，这是一个分化的局面，比如，中产阶级和知识分子的立场就很不一样，我觉得今天的知识分子更艰难了，因为他们可能更孤独和更孤立，面临的局面更复杂。

———————————

张　念　　　　　　　我觉得中国不会有中产阶级，中国只有统治阶级和被统治阶级。中产阶级是时尚杂志炒出来的概念，如果中产阶级存在的话，我们就进入了一个市民社会，我们现在处于一个前市民社会。2009年颁发的新的《劳动合同法》，中产阶级没有任何权利，他们在国家意志面前和一介草民是一样的。

———————————

库哈斯　　　　　　　今天整个讨论的过程中"阶级"这个问题第一次浮现出来，您觉得这个问题对您来说意味着什么？

———————————

奥布里斯特　　　　　之前没有讨论过吗？"阶级"到目前为止仍然是一个值得讨论的问题。

———————————

张　念　　　　　　　"阶级"是马克思制造的概念，我们现在爱说"阶层"。我为什么刚刚说统治阶级和被统治阶级，因为按照中国的价值观念来说王石是万科集团的创始人，他应该是一个成功人士，但是他刚刚坐在这里时很不快乐，他对未来不确认。

———————————

库哈斯　　　　　　　所以他要去爬珠峰？

张　念　　　　　　　那是他的麻醉剂。如果说中产阶级，王石是我们一个很好的证明，他的价值基础和我们国家立国的基础，我们不知道在哪里。我们没有期许，未来是不可预知的，这就是原因。

孟　晖　　　　　　　我个人认为中国有多个阶级，每一个阶级在分化成不同的人群，每一个人群有自己不同的生活水平、生活方式，形成自己对中国不同的想象和要求，所以我觉得接下来是将是一个很复杂的局面，这个是我的看法。

《 随风2009 》

————

（中国）

家琨工作室

————

2009深圳香港城市＼建筑双城双年展参展作品

摄影_白小刺

○ 长 平　CHANG Ping　✛
（广州）(GUANGZHOU)

○　长平 （广州）　○　CHANG Ping （ GUANGZHOU ）

长平（本名张平），资深记者、专栏作家、博客作家，曾任《南方周末》新闻部主任、《南都周刊》副总编，现任南都传播研究院首席研究员，并在多家媒体开设时事及文化评论专栏。

○　　长平，孙晓曦摄影。

库哈斯 & 奥布里斯特　我们知道《南方都市报》是中国最勇敢的媒体之一，作为它的社论作者，您的观点其实代表着这份报纸的观点，您觉得在中国，社会批评的空间到底有多大？

长　平　　　　　我并不是专职的社论作者，只是偶尔客串一下。更多的时候，我以个人的名义写时事和文化批评的专栏。这两件事情都需要勇气，因为没有人告诉你空间有多大。你每天都在寻找空间，你所拥有的就是你找到的。如果你不找，可能就会窒息而死。

库哈斯 & 奥布里斯特　您的批评一直对中国发生的各种社会事件进行紧密的回应，您是怎样抓取和挑选这些事件的？您如何挖掘出它背后的深意并组织您的观点？

长　平　　　　　当下的中国是新闻富矿，你不用担心无话可说，但是你需要考虑怎样说才有价值。我每天思考得最多的是，哪些新闻的意义被遮蔽了，被扭曲了，甚至被黑白颠倒了？那些热闹的新闻，和我们日常生活是什么关系，和我们的文明历史又是什么关系？

库哈斯 & 奥布里斯特　是什么样的知识结构在支撑您的写作？您平时都阅读些什么？

长　平　　　　　和很多同龄的中国人一样，我受的教育相当复杂，对从毛泽东思想到后现代理论，都产生过迷恋。就我的时事评论写作而言，基本上是政治上的宪政立场，经济上的自由市场和文化上的多元思想。我平时的阅读以时事、哲学和文学为主。

库哈斯 & 奥布里斯特　　您怎样形成这种有说服力和吸引力的写作风格的?

长　平　　　　　　我并不过多地考虑技巧。写得好的时候,我假想读者和我坐在一起聊天。当然,我也经常感觉到,面前空空荡荡,听众都跑光了。

库哈斯 & 奥布里斯特　　在过去十年或者说二十年中,中国新闻业是否存在着一个逐渐民主化的过程?

长　平　　　　　　这是一个蜕变的过程。从体制上说,很多媒体都在挣扎着从宣传机器变成造钱机器,这就是所谓的市场化。从文化上说,过去是士大夫传统,讨伐逆臣,以清君侧;如今媒体羡慕新闻专业主义,追求独立。但是这些过程都没有完成,前现代的专制主义和后现代的娱乐至死并存,媒体被弄得像一个怪胎。

库哈斯 & 奥布里斯特　　您如何评价《南方都市报》在中国新闻界的地位?

长　平　　　　　　《南方都市报》是中国新闻历史中的一个重要章节。它报道的孙志刚案件,改变了中国的不义之法;它的评论文章和深度报道,唤醒了普通民众的权利意识。

库哈斯 & 奥布里斯特　　互联网如何改变了中国的主流媒体生态?

长　平　　　　　　互联网给传统媒体带来了压力,也带来了新的希望。他们既互相竞争,又共同成长。互联网从传统媒体借用资源,而传统媒体从互联网学习和读者沟通。两者正在融合,在很多新闻报道中已经难分彼此。

《沙笼》

————

（中国）

朱培建筑事务所

————

2009深圳香港城市 ＼ 建筑双城双年展参展作品

摄影 _ 白小刺

○ 欧 宁　OU Ning　✛
〰〰〰〰〰〰〰〰　（ 北京 ）（ BEIJING ）

深圳香港城市\建筑双城双年展至今已举办了4届，分别由张永和(2005)、马清运(2007)、我(2009)和泰伦斯·瑞莱(Terence Riley, 2011)担任总策展人。在2009年这一届，除了邀请来自世界各地的62个主题展参展项目和策划"漫游：建筑体验与文学想象"、"早期城市建筑电影展"、"岭南建筑师夏昌世回顾展"三个特别项目外，最令我激动的就是组织展览开幕后在深圳市民中心举办的"中国思想：深圳马拉松对话"活动了。让库哈斯和奥布里斯特出席这届双年展，由他们以"马拉松"的形式，主持与中国各届精英的头脑风暴，一直是我策划这届双年展的一个重要的工作目标。

2009年12月18日，我们在纽约艺术展览新闻网站e-flux中发布的新闻稿中公布了共34位参加深圳马拉松对话的中国各届精英的名单。在12月22日的活动现场，艾晓明和袁伟时因特殊原因不能参加，我作为组织者只能主持活动，也不能参加，长平和梁文道因时间问题临时不能出席，最后实际参加者共有28位。活动超过了原定的8小时，碰撞出令人目不暇接的思想火花，拼接出一幅多元、开阔的知识图景。

2010年4月，整场对话被整理成文字，以《生活》月刊别册的形式出版。我为这本别册写了《中国将去往何处？——深圳马拉松对话的探寻与回答》的前言，介绍了这次活动的筹备经过，并对它的思想成果进行了简单的梳理。现蒙商务印书馆赏识，要对它进行重新编辑并以《建筑·城市·思想：库哈斯和奥布里斯特中国访谈录》为题重新出版，让它能与更多读者见面，我首先要感谢商务印书馆的杜非女士，是她以敏锐的目光促成了此次出版。库哈斯和奥布里斯特虽然著述等身，他们在中国也有不少的建筑和展览项目，但他们的著作很少以中文形式在中国内地出版。这次出版让中国读者得以窥见他们对中国由来已久的兴趣以及他们与不同领域的中国精英的思想交锋。对于关注中国崛起以及由此引发的诸多议题的读者来说，这本书将提供一个多元的视角，方便读者展开进一步的深入思考。

为了这次出版，我重新校阅了文字，作了某些删减和订正，同时增加了配图。我要感谢记录了对话现场和深圳香港两地参展作品的摄影师孙晓曦和白小刺，以及提供各种作品和展览图片的艺术家和建筑师。还要感谢一直以来与我合作的平面设计师小马和橙子，他们出色的设计一直是我编辑的各种出版物的品质保证。这本书因为是一场对话活动的文字实录，它是在设定的有限时间内进行讨论的结果，所以很多议题一定存在着未能展开深入论述的缺憾。如有不足之处，敬请诸位读者原谅和指正。

2012年3月1日，北京

图书在版编目（CIP）数据

建筑·城市·思想：库哈斯、奥布里斯特中国访谈
录/欧宁编 . — 北京：商务印书馆，2012
（城市与建筑读本）
ISBN 978-7-100-07637-1

Ⅰ.①建… Ⅱ.①欧… Ⅲ.①城市建筑—文集
Ⅳ.① TU984-53

中国版本图书馆 CIP 数据核字 (2011) 第 016393 号

责任编辑：杜非
设计：小马　橙子

建筑 · 城市 · 思想
库哈斯、奥布里斯特中国访谈录
欧宁_编

商 务 印 书 馆 出 版
（北京王府井大街36号　邮政编码100710）
商 务 印 书 馆 发 行
北 京 瑞 古 冠 中 印 刷 厂 印 刷
ISBN 978-7-100-07637-1

2012 年 7 月第 1 版　　　　开本 787x1092　1/16
2012 年 7 月北京第 1 次印刷　印张 15
定价：58.00 元